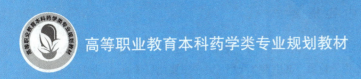

高等职业教育本科药学类专业规划教材

免疫学

（供制药工程、药学、食品类等专业用）

主　编　夏佳音　陈新江

副主编　李　强　高　栋

编　者　（以姓氏笔画为序）

李　强（艾美疫苗股份有限公司）

陈新江（宁波卫生职业技术学院）

夏佳音（浙江药科职业大学）

高　栋（浙江海正博锐生物制药有限公司）

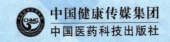

中国健康传媒集团

中国医药科技出版社

内 容 提 要

本教材是"高等职业教育本科药学类专业规划教材"之一。全书共 9 章，包括免疫系统和免疫应答、抗体、抗体药物、补体系统、细胞因子、抗原、疫苗、超敏反应和免疫学检测，其中重点介绍了三个主要免疫学应用，即抗体药物、疫苗和免疫学检测，内容涵盖产品研发、生产等所需的应用知识。本书为书网融合教材，纸质教材内容简洁明了，同时配有图片、视频等丰富的数字资源，生动形象地阐述了免疫学基本概念、基本原理，具有较好的可读性和实用性。

本教材主要供制药工程、药学和食品类等专业的师生教学使用，也可作为抗体药物、疫苗、免疫检测试剂等免疫学产品研发、生产、质检等岗位人员的参考用书。

图书在版编目（CIP）数据

免疫学/夏佳音，陈新江主编. —北京：中国医药科技出版社，2024.1
高等职业教育本科药学类专业规划教材
ISBN 978 - 7 - 5214 - 4357 - 8

Ⅰ.①免… Ⅱ.①夏… ②陈… Ⅲ.①免疫学 - 高等学校 - 教材 Ⅳ.①Q939.91

中国国家版本馆 CIP 数据核字（2023）第 250799 号

美术编辑 陈君杞
版式设计 友全图文

出版 **中国健康传媒集团** | 中国医药科技出版社
地址 北京市海淀区文慧园北路甲 22 号
邮编 100082
电话 发行：010 - 62227427 邮购：010 - 62236938
网址 www.cmstp.com
规格 889mm × 1194mm $^1/_{16}$
印张 9
字数 265 千字
版次 2024 年 1 月第 1 版
印次 2024 年 1 月第 1 次印刷
印刷 北京京华铭诚工贸有限公司
经销 全国各地新华书店
书号 ISBN 978 - 7 - 5214 - 4357 - 8
定价 39.00 元

获取新书信息、投稿、为图书纠错，请扫码联系我们。

数字化教材编委会

主　编　夏佳音　陈新江
副主编　李　强　高　栋
编　者　（以姓氏笔画为序）
　　　　李　强（艾美疫苗股份有限公司）
　　　　李鸿文（浙江药科职业大学）
　　　　陈新江（宁波卫生职业技术学院）
　　　　夏佳音（浙江药科职业大学）
　　　　高　栋（浙江海正博锐生物制药有限公司）

前言 PREFACE

　　高等职业本科作为新时代出现的一类本科学历教育，承担着为社会培养高素质、高水平、高技术技能专业人才的使命。要实现高质量人才培养，课程是最重要的载体，而教科书则是课程的基础。不同于以往的任何一部免疫学教科书，本书致力于服务职业本科人才培养目标，是专门为职业本科教师教学和学生学习打造的教材。

　　当今世界，科学技术迅猛发展，交叉学科不断出现，生命科学前景不可限量。细胞工程、基因工程、抗体工程、克隆技术、高通量筛选技术大大加快了抗体药物、疫苗和免疫检测试剂的研制，重大疾病诊断、预防和新疗法的研究进程被快速推进。基于免疫学理论开发的抗体药物、疫苗、免疫检测试剂等免疫学产品已发展成具有巨大市场潜力的新兴产业。免疫学在内容上与多学科交叉，为培养满足产业需求的人才，本教材打破了传统免疫学教材的知识内容框架，汇编了和产业密切相关的免疫学知识，兼顾了理论基础和应用能力。

　　免疫学内容繁多、深奥、抽象、晦涩难懂，初学者容易出现畏难情绪，在免疫学教学过程中，教师必须重点突出，不可面面俱到，对于难点内容一定要多运用情境、案例等教学方法进行深入浅出的教学。本教材配套数字资源，学习者要用好本书的知识思维导图，搭建起免疫学内容知识框架；利用微课视频，在理解的基础上对知识内容进行记忆，对于一些难记或容易混淆的知识内容可以寻找一些巧记的方法进行记忆；在学习的过程中一定要勤于思考，重视本书每章的课前思考，将理论知识和应用知识部分结合着学习，以期实现免疫学知识的深入学习和融会贯通。

　　本书由教学经验丰富的一线教师和行业的一线专家共同编写完成，涵盖理论基础、实践应用、前沿知识和法律法规等内容，具有一定的深度和广度，尤其注重免疫学理论和实际应用的结合。本书为书网融合教材，提供了课前思考、知识思维导图、总结性表格、大量图片和微课视频等教学资源，致力于帮助教师和学习者更好地使用本书。

　　本书编写过程中得到了各位编者所在单位领导的大力支持，在此一并表示衷心的感谢。受编者水平所限，教材中难免存在不足和疏漏之处，恳请各位读者批评指正，以便本教材进一步修订。

编　者
2023 年 9 月

CONTENTS 目录

第一章　免疫系统和免疫应答 ··· 1

第一节　免疫概述 ·· 2
一、免疫的概念 ·· 2
二、免疫系统的三大功能 ·· 2
三、固有免疫和适应性免疫 ·· 3

第二节　免疫系统 ·· 3
一、免疫器官 ·· 3
二、免疫细胞 ·· 4
三、免疫分子 ·· 6
四、T 细胞表面分子 ··· 7
五、B 细胞表面分子 ··· 8

第三节　适应性免疫应答 ·· 8
一、抗原提呈细胞 ·· 8
二、抗原的加工和提呈 ··· 9
三、细胞免疫应答 ··· 10
四、体液免疫应答 ··· 12

第四节　黏膜免疫 ··· 13
一、黏膜免疫概论 ··· 13
二、黏膜免疫应用 ··· 15

第五节　肿瘤免疫 ··· 17
一、肿瘤和致癌物 ··· 17
二、肿瘤免疫和肿瘤抗原 ·· 18
三、肿瘤免疫应答 ··· 19
四、肿瘤免疫逃逸 ··· 19
五、肿瘤免疫治疗 ··· 20

第六节　免疫调节 ··· 21
一、药物与免疫调节 ·· 21
二、食物与免疫调节 ·· 22
三、增强免疫功能食品的评价 ·· 24

第七节　免疫细胞治疗技术 ………………………………………………………… 25
　一、肿瘤浸润淋巴细胞疗法 ……………………………………………………… 25
　二、细胞因子诱导的杀伤细胞疗法 ……………………………………………… 25
　三、基于 NK 细胞的免疫疗法 …………………………………………………… 25
　四、基于 DC 的免疫疗法 ………………………………………………………… 25
　五、CAR - T 细胞疗法 …………………………………………………………… 25

第二章　抗体 ……………………………………………………………………… 28

第一节　抗体的结构 …………………………………………………………… 28
　一、抗体结构 ……………………………………………………………………… 28
　二、抗体亚类 ……………………………………………………………………… 30
　三、水解片段 ……………………………………………………………………… 30
　四、Fc 段和 Fc 受体 ……………………………………………………………… 30
　五、功能结构域 …………………………………………………………………… 30

第二节　抗体的功能 …………………………………………………………… 31
　一、V 区的功能 …………………………………………………………………… 31
　二、C 区的功能 …………………………………………………………………… 32

第三节　天然免疫球蛋白 ……………………………………………………… 33
　一、5 种天然免疫球蛋白 ………………………………………………………… 33
　二、4 种 IgG 亚型 ………………………………………………………………… 33
　三、IgG 超长半衰期的机制和应用 ……………………………………………… 34

第四节　抗体的多样性和产生 ………………………………………………… 34
　一、抗体的多样性 ………………………………………………………………… 34
　二、抗体的产生 …………………………………………………………………… 35

第五节　人工抗体 ……………………………………………………………… 36
　一、多克隆抗体和单克隆抗体 …………………………………………………… 36
　二、人工抗体的分离和纯化 ……………………………………………………… 36
　三、人工抗体的鉴定 ……………………………………………………………… 37
　四、人工抗体的应用 ……………………………………………………………… 38

第三章　抗体药物 ………………………………………………………………… 40

第一节　抗体药物的概述 ……………………………………………………… 40
　一、抗体药物的分类 ……………………………………………………………… 40
　二、多克隆抗体药物 ……………………………………………………………… 40
　三、单克隆抗体药物 ……………………………………………………………… 41
　四、小分子抗体药物 ……………………………………………………………… 44
　五、抗体融合蛋白药物 …………………………………………………………… 45

六、双特异性抗体药物 ………………………………………………………………… 46

七、抗体偶联药物 ……………………………………………………………………… 47

第二节 抗体药物的发现 ………………………………………………………………… 48

一、抗体药物的筛选 …………………………………………………………………… 49

二、抗体药物的优化 …………………………………………………………………… 52

第三节 抗体药物的开发 ………………………………………………………………… 53

一、稳定细胞株构建 …………………………………………………………………… 53

二、原液生产工艺研究 ………………………………………………………………… 54

三、制剂生产工艺研究 ………………………………………………………………… 54

四、稳定性研究 ………………………………………………………………………… 55

五、质量控制研究 ……………………………………………………………………… 55

六、生产过程控制研究 ………………………………………………………………… 55

七、储存和运输控制研究 ……………………………………………………………… 55

八、临床前研究 ………………………………………………………………………… 56

九、临床试验 …………………………………………………………………………… 56

十、产品注册 …………………………………………………………………………… 56

第四节 抗体药物的质量研究 …………………………………………………………… 56

一、一级结构分析 ……………………………………………………………………… 57

二、高级结构分析 ……………………………………………………………………… 57

三、异质性分析 ………………………………………………………………………… 58

四、免疫学活性分析 …………………………………………………………………… 58

五、生物学活性分析 …………………………………………………………………… 59

第四章 补体系统 ………………………………………………………………………… 60

第一节 补体理论 ………………………………………………………………………… 60

一、补体的组成和性质 ………………………………………………………………… 60

二、补体的激活 ………………………………………………………………………… 61

三、补体的生物学效应 ………………………………………………………………… 63

第二节 补体应用 ………………………………………………………………………… 64

一、循环免疫复合物检测 ……………………………………………………………… 64

二、补体检测和疾病诊断 ……………………………………………………………… 64

三、补体药物和疾病治疗 ……………………………………………………………… 65

第五章 细胞因子 ………………………………………………………………………… 66

第一节 细胞因子理论 …………………………………………………………………… 66

一、细胞因子特性 ……………………………………………………………………… 66

二、细胞因子种类 ……………………………………………………………………… 67

三、细胞因子受体 ……………………………………………………………… 68

第二节　细胞因子应用 …………………………………………………………… 69

一、细胞因子检测 ……………………………………………………………… 69

二、细胞因子受体检测 ………………………………………………………… 69

三、细胞因子疗法 ……………………………………………………………… 70

四、细胞因子阻断疗法 ………………………………………………………… 70

第六章　抗原 ………………………………………………………………………… 72

第一节　抗原概述 ………………………………………………………………… 72

一、抗原的概念 ………………………………………………………………… 72

二、抗原的两大基本特性 ……………………………………………………… 73

三、抗原的分类 ………………………………………………………………… 73

第二节　影响抗原特异性的因素 ………………………………………………… 74

一、抗原特异性 ………………………………………………………………… 74

二、抗原决定簇 ………………………………………………………………… 74

三、交叉反应 …………………………………………………………………… 76

第三节　影响抗原免疫原性的因素 ……………………………………………… 76

一、抗原因素 …………………………………………………………………… 76

二、宿主因素 …………………………………………………………………… 77

三、免疫方法 …………………………………………………………………… 77

第四节　抗原的制备 ……………………………………………………………… 78

一、天然抗原的制备 …………………………………………………………… 78

二、人工抗原的制备 …………………………………………………………… 78

第五节　抗原的应用 ……………………………………………………………… 79

一、疾病诊断 …………………………………………………………………… 79

二、抗体制备 …………………………………………………………………… 80

三、疫苗制备 …………………………………………………………………… 80

第七章　疫苗 ………………………………………………………………………… 81

第一节　中国疫苗发展史 ………………………………………………………… 81

第二节　疫苗概述 ………………………………………………………………… 82

一、疫苗的概念 ………………………………………………………………… 82

二、疫苗的分类 ………………………………………………………………… 82

三、疫苗的组成 ………………………………………………………………… 82

第三节　疫苗的种类 ……………………………………………………………… 83

一、灭活疫苗 …………………………………………………………………… 83

二、减毒活疫苗 ………………………………………………………………… 84

三、多糖和多糖 – 蛋白结合疫苗 ·········· 85

四、核酸疫苗 ·········· 87

五、VLP 疫苗 ·········· 88

六、联合疫苗 ·········· 89

七、多肽疫苗 ·········· 90

八、亚单位疫苗 ·········· 90

九、治疗性疫苗 ·········· 90

第四节　疫苗的设计 ·········· 92

一、疫苗设计概述 ·········· 92

二、抗原的设计 ·········· 92

三、体液免疫或细胞免疫的设计 ·········· 92

四、黏膜免疫的设计 ·········· 93

五、体外表达系统的设计 ·········· 93

六、佐剂的设计 ·········· 93

七、疫苗载体的设计 ·········· 94

八、疫苗接种方式的设计 ·········· 96

九、疫苗输送系统的设计 ·········· 96

十、实验动物的设计 ·········· 97

十一、反向疫苗设计 ·········· 97

第五节　疫苗的制备和生产 ·········· 97

一、上游工艺 ·········· 97

二、下游工艺 ·········· 99

第六节　疫苗的质量控制 ·········· 99

一、原材料控制 ·········· 99

二、生产过程控制 ·········· 99

三、产品检验 ·········· 100

四、疫苗法规和监管 ·········· 100

第七节　疫苗的评价 ·········· 101

一、疫苗有效性评价 ·········· 101

二、疫苗安全性评价 ·········· 102

三、疫苗评价一般原则 ·········· 103

四、疫苗临床前研究 ·········· 103

五、疫苗临床试验 ·········· 103

六、上市后疫苗安全性评价 ·········· 103

七、疫苗注册 ·········· 104

第八章　超敏反应 ·········· 105

第一节　超敏反应概论 ·········· 105

一、超敏反应的类型 ……………………………………………………… 105

二、Ⅰ型超敏反应 ………………………………………………………… 106

第二节　药物与过敏反应 ……………………………………………… 107

一、引起过敏的药物 ……………………………………………………… 107

二、致敏性药物的管理和控制 …………………………………………… 108

三、药物过敏的预防 ……………………………………………………… 109

第三节　食物与过敏反应 ……………………………………………… 109

一、引起过敏的食物 ……………………………………………………… 109

二、食物过敏原的特点 …………………………………………………… 110

三、食物加工对过敏原的影响 …………………………………………… 110

四、政府对食物过敏原的管理 …………………………………………… 111

五、食品企业对食物过敏原的管控 ……………………………………… 111

六、食物过敏的预防 ……………………………………………………… 111

七、食物过敏的治疗 ……………………………………………………… 112

第九章　免疫学检测 …………………………………………………… 113

第一节　抗原抗体反应 ………………………………………………… 113

一、抗原抗体反应的特点 ………………………………………………… 113

二、抗原抗体反应的影响因素 …………………………………………… 114

第二节　凝集反应和沉淀反应 ………………………………………… 115

一、凝集反应 ……………………………………………………………… 115

二、沉淀反应 ……………………………………………………………… 116

第三节　免疫标记技术 ………………………………………………… 117

一、酶联免疫吸附试验 …………………………………………………… 117

二、胶体金免疫层析试验 ………………………………………………… 123

三、化学发光免疫检测法 ………………………………………………… 126

四、免疫印迹法 …………………………………………………………… 126

第四节　细胞因子和细胞因子受体的检测 …………………………… 126

一、细胞因子检测 ………………………………………………………… 126

二、细胞因子受体检测 …………………………………………………… 127

第五节　免疫细胞的检测 ……………………………………………… 127

一、免疫细胞分离 ………………………………………………………… 127

二、免疫细胞数量检测 …………………………………………………… 127

三、免疫细胞功能检测 …………………………………………………… 128

附录 ……………………………………………………………………… 130

第一章　免疫系统和免疫应答

学习目标

1. 掌握　免疫的概念；免疫系统的三大功能；免疫器官、免疫细胞、免疫分子的组成和功能；抗原提呈细胞；固有免疫和适应性免疫。

2. 熟悉　T、B 细胞表面分子；抗原的加工和提呈；细胞免疫应答和体液免疫应答。

3. 了解　肿瘤免疫、黏膜免疫、免疫调节、免疫细胞治疗技术。

课前思考

一、免疫系统

1. 如果将人体免疫系统比作国家军警系统，你将如何设计一个系统来保护人体？

2. 为什么人的免疫力从出生到年老呈现逐渐增强再逐渐减弱趋势？

3. 为什么新生动物摘除胸腺后，抗体生成表现低下，而成年动物摘除胸腺后，免疫功能受损不明显？

4. 某种抗体生产技术有一步是获取 B 细胞，你会选择从动物的哪个免疫器官中获取？为什么？

5. 自然杀伤细胞和细胞毒性 T 细胞的异同点有哪些？

6. 请用通俗易懂的语言描述自然杀伤细胞的杀伤机制。

7. 如何鉴别 T 细胞和 B 细胞，B_1 细胞和 B_2 细胞？

8. 一个 T 细胞表面的约 3 万个 TCR 是否相同？

二、免疫应答

1. 结合国家对于新冠病毒感染预防措施和新冠病毒感染治疗方式的前后变化，谈一谈初次和再次免疫应答所产生抗体的前后变化。

2. 结合骨髓再次免疫应答产生好抗体，谈一谈"工匠"精神。

3. 肠道正常菌群为什么能在肠道里存活？

4. 人体对口服的食物蛋白不会产生免疫应答，而是产生免疫耐受，为什么？应用这个原理我们可以治疗哪类疾病？

5. 专职抗原提呈细胞和非专职抗原提呈细胞能否成为靶细胞？

6. 树突状细胞的服务对象是哪个细胞？如何提供服务？

7. 为什么推荐新生儿注射 13 价多糖结合疫苗，而不是 23 价多糖疫苗？请从抗原、B 细胞和免疫应答的角度分析原因。

三、黏膜免疫

1. 黏膜疫苗的优势在哪里？

2. 为什么目前上市的注射疫苗多，黏膜疫苗少？黏膜疫苗的开发存在什么困难？

3. 如何强化呼吸道黏膜免疫来有效降低新冠病毒二次感染风险？

4. 益生菌如何影响黏膜免疫？

5. 黏膜免疫中，sIgA 起到举足轻重的作用，如何提高机体 sIgA 水平？是否可以将 sIgA 开发成药物？

四、肿瘤免疫

1. 如何看待体检结果中某些肿瘤标志物的异常？

2. 肿瘤免疫对人体是有利的还是有害的？为什么？

3. 同一种肿瘤为什么还要开发个性化肿瘤疫苗？如何看待个性化肿瘤疫苗？

4. 肿瘤免疫治疗能走多远的决定因素是什么？

5. PD - 1 抗体药物的治疗机制是什么？是否适用于所有肿瘤？

6. 你如何看待"DC - CIK"细胞疗法？

五、免疫调节

1. 当机体免疫力降低时，你会采取哪些措施来增强免疫力？这些措施是如何增强免疫力的？

2. 为什么同一种免疫调节剂，有些人使用效果非常好，而有些人却一点效果都没有？

3. 激素类药物具有明显的抗炎效果，但为什么不能长期使用？

第一节　免疫概述

一、免疫的概念 📱 微课 1 - 1

最初，免疫的定义是免除疾病，后来随着过敏、自身免疫性疾病的出现，免疫被赋予了新的定义：机体识别"自己"或"非己"抗原，维持机体内外环境平衡的一种生理学反应；对"非己"抗原产生免疫应答并清除，对"自己"抗原不产生免疫应答，即维持免疫耐受。

判断"自己"或"非己"抗原的标准是胚胎期免疫系统是否接触过。脑组织、精子等隐蔽抗原，由于血 - 脑屏障、血 - 睾屏障的存在，胚胎期免疫系统没有接触过，属于"非己"抗原。

二、免疫系统的三大功能

免疫系统是一把双刃剑，功能正常时对机体具有保护作用，功能异常时可能导致疾病的发生，免疫系统具有免疫防御、免疫自稳、免疫监视三大功能（表 1 - 1）。

1. 免疫防御 指机体清除细菌、病毒等外来抗原的功能。免疫防御功能过强或过弱都会导致疾病的发生，如过敏性疾病、免疫缺陷病等。

2. 免疫自稳 指机体对自身成分不产生免疫应答，免疫自稳功能低下或失调会导致自身免疫性疾病的发生。

3. 免疫监视 指机体及时发现自身突变细胞的功能，免疫监视功能低下或失调会导致肿瘤的发生。

表 1 - 1　免疫系统的三大功能

功能	正常（有利）	异常（有害）
免疫防御	清除外来抗原	过敏性疾病、免疫缺陷病
免疫自稳	对自身成分不产生免疫应答	自身免疫性疾病
免疫监视	及时发现自身突变细胞	肿瘤

三、固有免疫和适应性免疫

1. 固有免疫 又叫天然免疫，先天获得，反应迅速，没有免疫记忆，没有特异性，是机体抵御病原体入侵的第一道防线。参与固有免疫的成分有皮肤、黏膜、杀菌和抑菌物质、自然杀伤细胞、树突状细胞、单核－巨噬细胞、B_1细胞等。

2. 适应性免疫 又叫获得性免疫、特异性免疫，后天获得，产生时间晚于固有免疫应答，有免疫记忆，有特异性，是机体抵御病原体入侵的最后一道防线。参与适应性免疫的成分有T细胞、B_2细胞等。

3. 固有免疫和适应性免疫的关系 固有免疫和适应性免疫相辅相成。树突状细胞、巨噬细胞等固有免疫细胞为T细胞、B细胞提供了抗原信息，是适应性免疫应答发生的先决条件；适应性免疫应答产物可加强固有免疫，如抗体可提高巨噬细胞的吞噬能力等。

第二节 免疫系统

免疫系统是机体执行免疫应答和免疫功能的系统。免疫系统由免疫器官、免疫细胞和免疫分子组成（图1-1）。

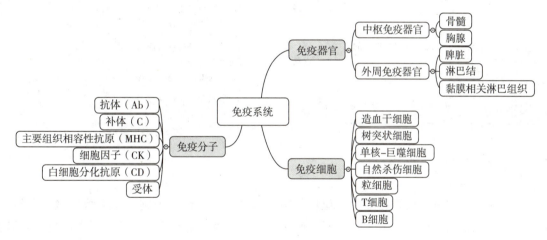

图 1 - 1 免疫系统的组成

一、免疫器官 微课1-2

免疫器官包括中枢免疫器官和外周免疫器官（表1-2）。

1. 中枢免疫器官 包括胸腺和骨髓，是免疫细胞产生、分化、发育和成熟的场所。

（1）胸腺 是T细胞分化、发育和成熟的场所，只有不到5%的T细胞能够在胸腺发育成熟。从出生到年老，胸腺重量呈现逐渐增大，青壮年达到顶峰，再逐渐缩小的趋势。此外，营养不良、微生物感染等均可导致胸腺萎缩。

（2）骨髓 是所有免疫细胞发生的场所，是除T细胞外的所有免疫细胞分化、发育和成熟的场所，还是再次免疫应答发生的场所。骨髓中的多能造血干细胞能分化成红细胞、血小板等血细胞，以及T细胞、B细胞、NK细胞、单核－巨噬细胞等免疫细胞。外周免疫器官产生抗体的速度快，但产生的抗体量少、质量差、持续时间短，而骨髓产生抗体速度慢，但产生的抗体量大、质量好、持续时间长。

2. 外周免疫器官　包括脾脏、淋巴结和黏膜相关淋巴组织（MALT），是免疫细胞定居和免疫应答的场所。

（1）脾脏　是最大的免疫器官。在脾脏中，B 细胞占比较大。脾脏能够过滤血液，负责清除血源性抗原。

（2）淋巴结　呈圆形或豆状，遍布全身，通过淋巴管连接成网。在淋巴结中，T 细胞占比较大。淋巴结能够过滤淋巴液，负责清除淋巴源性抗原，参与淋巴细胞再循环。

（3）黏膜相关淋巴组织　包括鼻相关淋巴组织、支气管相关淋巴组织、肠相关淋巴组织、阑尾、扁桃体等，负责清除黏膜源性抗原，介导免疫耐受。

淋巴细胞再循环：淋巴细胞在血液、淋巴液、免疫器官以及相关淋巴组织之间反复循环，有利于快速启动适应性免疫应答，有利于淋巴细胞充实淋巴组织，有利于淋巴细胞在组织中均匀分布。

表 1-2　中枢免疫器官和外周免疫器官

免疫器官	功能	组成	特点
中枢免疫器官	所有免疫细胞产生、分化、发育和成熟的场所	骨髓	1. 所有免疫细胞发生的场所 2. 所有免疫细胞（除 T 细胞）分化、发育、成熟的场所 3. 再次免疫应答的场所
		胸腺	T 细胞分化、发育、成熟的场所
外周免疫器官	免疫细胞定居和免疫应答的场所	脾脏	1. 清除血源性抗原 2. B 细胞占比大 3. 最大的免疫器官
		淋巴结	1. 清除淋巴源性抗原 2. T 细胞占比大 3. 参与淋巴细胞再循环
		黏膜相关淋巴组织	1. 清除黏膜源性抗原 2. 介导免疫耐受

二、免疫细胞 🔲 微课 1-3

免疫细胞泛指参与免疫应答的细胞和免疫细胞的前体，如造血干细胞、树突状细胞、自然杀伤细胞、单核 - 巨噬细胞、粒细胞（中性粒细胞、嗜酸性粒细胞和嗜碱性粒细胞）、肥大细胞、T 细胞、B 细胞等（表 1-3）。

表 1-3　免疫细胞的组成和特点

免疫细胞	特点
造血干细胞	能分化成各种血细胞和免疫细胞
树突状细胞（DC）	摄取、加工处理抗原，将抗原提呈给 T 细胞；不同组织中的 DC 细胞名称不同
单核细胞	存在于血液中
巨噬细胞（MΦ）	存在于组织中，不同组织中的 MΦ 细胞名称不同；吞噬能力强、分泌近百种生物活性物质；M1 型促进炎症的发生，M2 型抑制炎症的发生，可相互转化
自然杀伤细胞（NK）	直接杀伤病毒、细菌感染细胞和肿瘤细胞等；3 种杀伤途径分别为穿孔素/颗粒酶、FasL 和 TNF - α 途径
中性粒细胞	抗感染
嗜酸性粒细胞	参与抗寄生虫感染和 I 型超敏反应

续表

免疫细胞	特点
嗜碱性粒细胞	参与 I 型超敏反应
肥大细胞	参与 I 型超敏反应
初始 T 细胞	CD4 阳性 T 细胞（Th0）：未接受过抗原刺激，可分化成效应 T 细胞（Th1、Th2、Treg 等）和记忆 T 细胞
	CD8 阳性 T 细胞：未接受过抗原刺激，可分化成效应 T 细胞（Tc、Ts）和记忆 T 细胞
效应 T 细胞	Th1：介导细胞免疫应答
	Th2：辅助体液免疫应答
	Treg：介导免疫应答的负调节和自身免疫耐受
	Tc：介导细胞免疫应答
	Ts：抑制体液免疫应答和细胞免疫应答
	其他：如 Th17、Th22 等
记忆 T 细胞	存活期长，介导再次免疫应答
B_1 细胞	参与固有免疫
B_2 细胞	参与适应性免疫，抗原提呈

1. 造血干细胞　能够分化成各种血细胞和免疫细胞。

2. 树突状细胞　简称 DC，因具有许多树状突起而得名，广泛分布于（脑以外）全身组织和器官。不同组织中的树突状细胞名称不同，如表皮中的朗格汉斯细胞、结缔组织的间质性树突状细胞、胸腺组织的并指树突状细胞等。主要功能是摄取、加工处理抗原，并将抗原提呈给 T 细胞，启动适应性免疫应答。未成熟 DC，其摄取、加工处理抗原能力强，将抗原提呈给 T 细胞的能力弱；成熟 DC 摄取、加工处理抗原能力弱，将抗原提呈给 T 细胞的能力强（表 1 - 4）。

表 1 - 4　未成熟 DC 和成熟 DC

	是否接触过抗原	摄取、加工处理抗原的能力	将抗原提呈给 T 细胞的能力
未成熟 DC	未接触	强	弱
成熟 DC	已接触	弱	强

3. 单核 - 巨噬细胞　包括血液中的单核细胞和组织中的巨噬细胞。巨噬细胞简称 MΦ，不同组织中的巨噬细胞名称不同，如肺泡中的巨噬细胞、脑组织中的小胶质细胞、骨组织中的破骨细胞等。巨噬细胞吞噬能力强，抗体和补体可以促进和增强其吞噬功能，巨噬细胞能产生溶菌酶、细胞因子、补体等近百种生物活性物质，还能将抗原提呈给 T 细胞，启动适应性免疫应答，主要发挥抗感染作用，参与体内衰老、凋亡细胞的清除。巨噬细胞分为 M1 型和 M2 型，M1 型促进炎症的发生，M2 型抑制炎症的发生，在一定条件下，两者会发生相互转化。

4. 自然杀伤细胞　简称 NK 细胞，主要分布在脾脏和外周血中，是不同于 T、B 细胞的第三类淋巴细胞，目前将人 TCR$^-$、mIg$^-$、CD56$^+$、CD16$^+$ 的细胞鉴定为 NK 细胞。NK 细胞可直接杀伤病毒、细菌感染细胞和肿瘤细胞等，通过 3 种杀伤途径诱发靶细胞凋亡，分别为穿孔素/颗粒酶、FasL 和 TNF - α 途径。

5. 粒细胞　包括中性粒细胞、嗜酸性粒细胞、嗜碱性粒细胞和肥大细胞。中性粒细胞具有很强的趋化和吞噬功能，抗体和补体可以促进和增强其吞噬功能，主要发挥抗感染作用。嗜碱性粒细胞存在于血液中，肥大细胞主要存在于皮肤、呼吸道、胃肠黏膜下的结缔组织和血管壁周围组织中。嗜碱性粒细胞和肥大细胞能够释放组胺、白三烯等过敏介质，参与 I 型超敏反应（过敏反应）。嗜酸性粒细胞主要参与抗寄生虫感染和 I 型超敏反应（过敏反应）。

6. T 细胞　介导细胞免疫应答，辅助体液免疫应答。可分为若干 T 细胞亚群，如初始 T 细胞、辅助性 T 细胞、细胞毒性 T 细胞（Tc）、抑制性 T 细胞（Ts）、记忆 T 细胞等。 微课1-4

（1）初始 T 细胞　包括初始 CD4 阳性 T 细胞（Th0）和初始 CD8 阳性 T 细胞，从未接受过抗原刺激的成熟 T 细胞，主要功能是识别抗原，在外周免疫器官内接受 DC 提呈的抗原刺激而活化，并最终分化为效应 T 细胞和记忆性 T 细胞。

（2）效应 T 细胞　初始 T 细胞接收抗原刺激后，可分化成为不同效应 T 细胞，发挥不同的生物学功能，包括 Th1、Th2、Th17、Th22、Tfh、Treg、Tc、Ts 等。

（3）记忆 T 细胞　存活期长，可达数年，接受相同抗原刺激后可迅速活化、增殖，介导再次免疫应答。

（4）CD4 阳性 T 细胞　重要标志是表面有 CD4 抗原，包括初始 CD4 阳性 T 细胞（Th0）和效应 CD4 阳性 T 细胞 Th1、Th2、Th17、Th22、Tfh 和 Treg 等。

（5）CD8 阳性 T 细胞　重要标志是表面有 CD8 抗原，包括初始 CD8 阳性 T 细胞和效应 CD8 阳性 T 细胞 Tc、Ts 等。

（6）Th1 细胞　初始 CD4 阳性 T 细胞（Th0）在 IL-12 作用下转变为辅助性 T 细胞 Th1。Th1 细胞通过释放细胞因子，辅助细胞免疫应答。

（7）Th2 细胞　初始 CD4 阳性 T 细胞（Th0）在 IL-4 作用下转变为辅助性 T 细胞 Th2。Th2 细胞通过释放细胞因子，诱导 B 细胞增殖、分化、合成和分泌抗体，辅助体液免疫应答。

（8）Treg 细胞　调节性 T 细胞，在免疫应答的负调节和自身免疫耐受中发挥重要作用。

（9）Tc 细胞　细胞毒性 T 细胞，又叫杀伤性 T 细胞（CTL），可特异性杀伤肿瘤细胞、病毒或细菌感染细胞、机体正常细胞，通过穿孔素/颗粒酶、FasL 和 TNF-α 三种杀伤途径，诱发靶细胞凋亡。

（10）Ts 细胞　抑制性 T 细胞，具有抑制体液免疫应答和细胞免疫应答的作用。

7. B 细胞　主要介导体液免疫应答，还具有抗原提呈的功能，分为 B_1 细胞和 B_2 细胞。B_1 细胞参与固有免疫，针对多糖抗原产生以 IgM 抗体类型为主的低亲和力抗体，无免疫记忆，参与机体早期抗感染免疫；B_2 细胞参与适应性免疫，针对蛋白质抗原产生多种类型的高亲和力抗体，有免疫记忆，此外，还能够将抗原提呈给 T 细胞（表 1-5）。 微课1-5

表 1-5　B_1 细胞和 B_2 细胞的比较

特点	B_1 细胞	B_2 细胞
表面 CD5 标志	有	没有
主要针对抗原	多糖类	蛋白类
主要分泌抗体	IgM	IgG
抗体亲和力	低	高
抗体类别转换	不发生	发生
免疫记忆	无	有

三、免疫分子 微课1-6

免疫分子由免疫细胞产生，包括抗体、补体、主要组织相容性抗原、细胞因子、白细胞分化抗原和受体等。

1. 抗体　是由浆细胞合成、分泌的球蛋白，能够和抗原发生特异性结合，主要发挥抗感染作用。凝集素、沉淀素、抗毒素、溶血素、溶菌素、类风湿因子（RF）等统称为抗体。

2. 补体 由30多种成分组成，称为补体系统，不耐热，需要激活才能发挥作用，主要作用是溶解细胞。

3. 主要组织相容性抗原 简称MHC分子，分为MHC Ⅰ和MHC Ⅱ类分子，HLA Ⅰ和HLA Ⅱ是人类的MHC分子，MHC分子是每个人特有的身份标签，和移植排斥有关，参与启动适应性免疫应答过程。

（1）MHC Ⅰ类分子 广泛分布于所有有核细胞表面，成熟红细胞、神经细胞等不表达，主要参与内源性抗原的加工、处理和提呈，对接CD8阳性T细胞。

（2）MHC Ⅱ类分子 主要表达在B细胞、单核-巨噬细胞、树突状细胞等表面，内皮细胞和某些组织的上皮细胞表面也可表达，主要参与外源性抗原的加工、处理和提呈，对接CD4阳性T细胞。

4. 细胞因子 简称CK，由免疫细胞和某些非免疫细胞经刺激后合成并分泌的小分子蛋白，是细胞间的信号传递分子，通过和细胞表面的细胞因子受体（CKR）结合发挥特定的生物学效应，可分为白细胞介素、肿瘤坏死因子、干扰素、集落刺激因子、趋化因子和生长因子等6大类，具有多种生物学功能，通过自分泌、旁分泌和内分泌三种方式发挥作用。

5. 白细胞分化抗原 简称CD分子，大多为跨膜糖蛋白，目前已发现300多种，介导免疫细胞和免疫细胞、免疫细胞与免疫分子、免疫细胞和抗原之间的相互作用，广泛参与细胞的生长、分化、发育、成熟等生物学过程，不同细胞和不同分化阶段细胞表面表达的CD分子各有不同，可用于细胞的鉴定和分离。比如，T细胞表面的CD3、CD4或CD8，B细胞表面的CD19和CD20，自然杀伤细胞表面的CD56，单核细胞表面的CD14，树突状细胞表面的CD11c，浆细胞表面的CD138。

6. 受体 一类存在于细胞膜或细胞内，通过与补体、细胞因子、抗原等结合，促使细胞对外界刺激产生生物学效应的蛋白。常见的受体有，能够结合补体的补体受体（CR），能够结合细胞因子的细胞因子受体（CKR），能够识别并结合抗原的抗原识别受体等。

四、T细胞表面分子 ⓔ 微课1-7

T细胞表面分子是表达在T细胞表面的多种膜分子，包括各种表面受体和表面抗原，它们是T细胞发挥各种功能的基础，也是鉴别和分离T细胞的依据。T细胞表面受体有T细胞抗原识别受体（TCR）、细胞因子受体、丝裂原受体等，表面抗原有MHC分子、CD分子等（图1-2）。

1. T细胞抗原识别受体（TCR） 是T细胞特异性识别和结合抗原的受体，也是所有T细胞共有的特征性标志，每个T细胞表面大约有30000个受体，CD3分子和TCR形成TCR-CD3复合物，T细胞通过各种不同TCR特异性识别并结合不同抗原，通过CD3分子将抗原识别信号传至细胞内部。

2. CD4和CD8分子 成熟T细胞表面只有CD4分子或CD8分子，即CD4阳性T细胞或CD8阳性T细胞。CD4和CD8分子的主要作用是通过和MHC分子结合，辅助TCR识别和结合抗原，其中CD4分子结合MHC Ⅱ类分子，CD8分子结合MHC Ⅰ类分子。

3. 协同刺激分子 主要作用是参与T细胞活化。包括CD28、CD40L、细胞毒性T巴细胞相关蛋白4（CTLA-4）、程序性死亡受体1（PD-1）等，其中CD28、CD40L等促进T细胞活化，CTLA-4、PD-1等抑制T细胞活化。

4. MHC分子 所有T细胞均表达MHC Ⅰ类分子，T细胞被激活后可表达MHC Ⅱ类分子。

5. 丝裂原受体 能够结合丝裂原，诱导T细胞活化、增殖和分化。

6. 细胞因子受体（CKR） T细胞表面表达多种细胞因子受体，能够和不同细胞因子结合，产生相应的生物学效应，如T细胞的活化、增殖和分化等。

五、B 细胞表面分子 @ 微课1-8

B 细胞表面分子是表达在 B 细胞表面的多种膜分子，包括各种表面受体和表面抗原，它们是 B 细胞发挥各种功能的基础，也是鉴别和分离 B 细胞的依据。B 细胞表面受体有 B 细胞抗原识别受体（BCR）、细胞因子受体、丝裂原受体等，表面抗原有 MHC 分子、CD 分子等（图 1-2）。

1. B 细胞抗原识别受体（BCR） 是 B 细胞膜表面的免疫球蛋白（mIg），是 B 细胞的特征性表面标志，Igα、Igβ 和 BCR 形成复合物，B 细胞通过各种不同 BCR 特异性识别并结合不同抗原，通过 Igα、Igβ 将抗原识别信号传至细胞内部。祖 B 细胞、前 B 细胞表面不表达 BCR，未成熟 B 细胞和记忆 B 细胞表面只表达 mIgM，成熟 B 细胞表面表达 mIgM 和 mIgD。

2. CD5 分子 根据是否表达 CD5 分子，可将 B 细胞分为 B_1 细胞和 B_2 细胞。B_1 细胞表面有 CD5 分子，B_2 细胞表面没有 CD5 分子。

3. MHC 分子 除了浆细胞外，所有 B 细胞表面均表达 MHC Ⅰ类和 MHC Ⅱ类分子。

4. 丝裂原受体 能够结合丝裂原，诱导 B 细胞活化、增殖和分化。

5. 细胞因子受体 B 细胞表面表达多种细胞因子受体，能够和不同细胞因子结合，产生相应的生物学效应，如 B 细胞的活化、增殖和分化等。

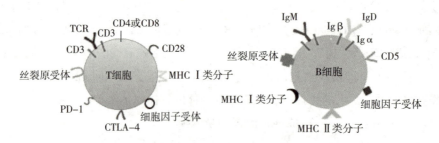

图 1-2　T 细胞表面分子（左）和 B 细胞表面分子（右）

第三节　适应性免疫应答

一、抗原提呈细胞 @ 微课1-9

抗原提呈细胞（APC）能够摄取和加工抗原，并把抗原信息提呈给 T 细胞，可分为 3 类，分别是专职抗原提呈细胞、非专职抗原提呈细胞和靶细胞（表 1-6）。

1. 专职抗原提呈细胞 包括树突状细胞、单核-巨噬细胞、B 细胞等，组成性表达 MHC Ⅰ类和 MHC Ⅱ类分子，MHC Ⅱ类分子是特征性标志，抗原提呈能力强，通过 MHC Ⅱ分子将抗原提呈给 CD4 阳性 T 细胞，CD4 阳性 T 细胞分化为 Th1 或 Th2，介导细胞免疫应答或辅助体液免疫应答。

2. 非专职抗原提呈细胞 包括成纤维细胞、上皮细胞、内皮细胞等，组成性表达 MHC Ⅰ类分子，某些情况下可表达 MHC Ⅱ类分子，抗原提呈能力弱，通过 MHC Ⅱ类分子将抗原提呈给 CD4 阳性 T 细胞。

3. 靶细胞 所有有核细胞都表达 MHC Ⅰ类分子，病毒感染细胞、细菌感染细胞、肿瘤细胞等有核细胞，都可作为靶细胞将内源性抗原通过 MHC Ⅰ类分子提呈给 CD8 阳性 T 细胞，CD8 阳性 T 细胞分化为 Tc 细胞后杀伤靶细胞。

表 1-6 抗原提呈细胞

类型	组成	是否表达 MHC Ⅰ 类分子	是否表达 MHC Ⅱ 类分子
专职抗原提呈细胞	树突状细胞、单核 - 巨噬细胞、B 细胞等	组成性表达	组成性表达
非专职抗原提呈细胞	成纤维细胞、上皮细胞、内皮细胞等	组成性表达	某些情况下表达
靶细胞	所有有核细胞（如感染细胞、肿瘤细胞等）	组成性表达	不表达

二、抗原的加工和提呈 微课 1-9

T 细胞不能直接识别抗原，仅能识别和 MHC 分子结合的抗原肽。因此需要 APC 将摄取的抗原降解成抗原肽，然后将抗原肽和 MHC 分子结合，此过程为抗原加工。抗原肽和 MHC 分子结合成抗原肽 - MHC 分子复合物后，表达在细胞表面，被 T 细胞识别，从而将抗原信息提呈给 T 细胞，此过程为抗原提呈。根据抗原来源的不同，可分为外源性抗原和内源性抗原的加工和提呈（表 1-7）。

表 1-7 外源性抗原和内源性抗原的加工和提呈

特点	外源性抗原的加工和提呈	内源性抗原的加工和提呈
抗原来源	细胞外抗原	细胞内抗原
抗原提呈细胞	专职、非专职 APC	靶细胞
抗原加工部位	内体、溶酶体	泛素、蛋白酶体
结合的 MHC 分子	MHC Ⅱ 类分子	MHC Ⅰ 类分子
抗原和 MHC 分子结合部位	溶酶体、内体	内质网
识别的细胞	CD4 阳性 T 细胞	CD8 阳性 T 细胞

1. 外源性抗原的加工和提呈 细胞外的抗原，由专职抗原提呈细胞（APC）通过吞噬、吞饮或受体介导的内吞作用等方式摄入，以内体的形式在细胞内移行，与溶酶体融合形成内体/溶酶体后，抗原被降解成抗原肽；与此同时，MHC Ⅱ 类分子在内质网合成后移行至高尔基体，通过分泌囊泡转运至内体/溶酶体，与抗原肽结合形成抗原肽 - MHC Ⅱ 类分子复合物，再移行至细胞表面，供 CD4 阳性 T 细胞识别（图 1-3）。

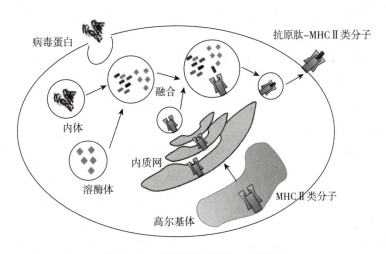

图 1-3 外源性抗原的加工和提呈

2. 内源性抗原的加工和提呈 靶细胞内的抗原，经泛素去折叠后，以线性形式进入蛋白酶体，降解成抗原肽，抗原肽进入内质网，MHC Ⅰ类分子结合形成抗原肽－MHC Ⅰ类分子复合物，复合物移行至高尔基体，再通过分泌囊泡移行至细胞表面，供 CD8 阳性 T 细胞识别（图 1 − 4）。

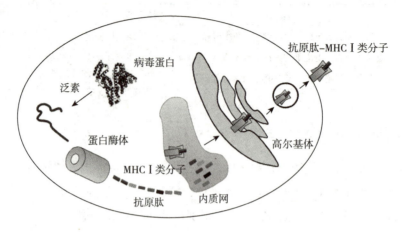

图 1 − 4 内源性抗原的加工和提呈

3. 交叉提呈 外源性抗原主要通过 MHC Ⅱ类分子提呈，特定条件下，也能通过 MHC Ⅰ类分子提呈；内源性抗原主要通过 MHC Ⅰ类分子提呈，特定条件下，也能通过 MHC Ⅱ类分子提呈。这种非经典的抗原提呈在抗病毒、抗肿瘤和自身耐受的维持中发挥重要作用。

4. 非 MHC 类分子的提呈 MHC 类分子主要提呈蛋白质抗原，有些非 MHC 类分子如 CD1 分子可加工和提呈脂类抗原，在机体抗感染免疫中发挥重要作用，也为脂类抗原疫苗的研制开拓了新领域。

三、细胞免疫应答 微课 1 − 11

细胞免疫应答可分为三个阶段，包括初始 T 细胞活化，初始 T 细胞增殖、分化成效应 T 细胞，效应 T 细胞发挥细胞免疫效应。

1. 第一阶段 初始 T 细胞活化，包括三个活化信号。

（1）T 细胞的第一活化信号 初始 T 细胞通过表面的 TCR 和 APC 表面的抗原肽 − MHC 分子复合物中的抗原肽结合，T 细胞表面的 CD4 或 CD8 分子和 APC 表面抗原肽 − MHC 分子复合物中的 MHC Ⅱ类分子或 MHC Ⅰ类分子结合，这种结合是可逆的，若未能遭遇特异性抗原肽，初始 T 细胞和 APC 分离，若遭遇特异性抗原肽，则初始 T 细胞表面的 TCR 和 APC 表面的抗原肽发生特异性结合，同时，T 细胞表面的 CD4 或 CD8 分子和 APC 表面抗原肽 − MHC 分子复合物中的 MHC Ⅱ类分子或 MHC Ⅰ类分子结合，这种双结合提供了 T 细胞活化的第一信号，并由 CD3 分子将信号传递至 T 细胞内（图 1 − 5）。

（2）T 细胞的第二活化信号 初始 T 细胞和 APC 表面表达的多种协同刺激分子相互结合，如 CD28 结合 B7，提供了 T 细胞活化的第二信号。

（3）T 细胞的第三活化信号 多种细胞因子提供 T 细胞活化的信号，促进初始 T 细胞充分活化。

2. 第二阶段 包括初始 T 细胞增殖、分化成效应 T 细胞。活化的初始 T 细胞在多种细胞因子的参与下，经过有丝分裂大量增殖并分化为效应 T 细胞和记忆 T 细胞，其中 CD4 阳性 T 细胞在 IL − 12 的作用下分化为 Th1 细胞，CD8 阳性 T 细胞在 IL − 2 的作用下分化为 Tc 细胞，记忆 T 细胞在再次免疫应答中起重要作用。与初始 T 细胞相比，低浓度抗原和低水平协同刺激分子就可以活化记忆 T 细胞（图 1 − 6）。

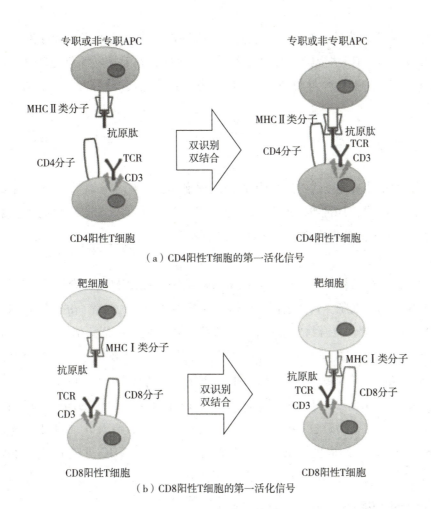

（a）CD4阳性T细胞的第一活化信号

（b）CD8阳性T细胞的第一活化信号

图1-5　T细胞第一活化信号（双结合）

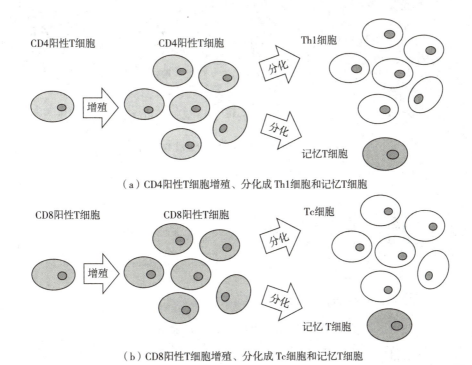

（a）CD4阳性T细胞增殖、分化成Th1细胞和记忆T细胞

（b）CD8阳性T细胞增殖、分化成Tc细胞和记忆T细胞

图1-6　细胞免疫应答的第二阶段（T细胞增殖、分化成效应T细胞和记忆T细胞)

3. 第三阶段　效应 T 细胞发挥细胞免疫效应，如抗胞内感染、抗肿瘤、自身免疫性疾病、Ⅳ型超敏反应、移植排斥反应等。Th1 细胞产生多种细胞因子，通过细胞因子发挥免疫学效应，如激活巨噬细胞、自然杀伤细胞（NK 细胞）、中性粒细胞等；Tc 细胞通过穿孔素/颗粒酶、FasL 和 TNF - α 途径诱导靶细胞凋亡。

四、体液免疫应答 　微课 1 - 12

细胞外的抗原主要由体液免疫应答进行清除。B1 细胞主要针对多糖等 TI 抗原，可直接产生免疫应答；B2 细胞主要针对蛋白等 TD 抗原，需要 Th 细胞辅助（通常为 Th2 细胞）才能产生免疫应答。下面主要介绍 B2 细胞介导的体液免疫应答，可分为三个阶段。

1. 第一阶段

（1）T 细胞活化的三个信号　初始 CD4 阳性 T 细胞和 B2 细胞识别并结合抗原，初始 CD4 阳性 T 细胞活化、增殖和分化成 Th2 细胞。具体过程为初始 CD4 阳性 T 细胞通过表面的 TCR 与 CD4 分子和 APC 表面的抗原肽 - MHC Ⅱ类分子复合物发生双结合，提供 T 细胞的第一活化信号，初始 CD4 阳性 T 细胞和 APC 表面表达的多种协同刺激分子相互结合，提供 T 细胞活化的第二信号，多种细胞因子提供 T 细胞活化的第三信号，初始 CD4 阳性 T 细胞完全活化，增殖、分化成 Th2 细胞（图 1 - 7a）。

（2）B 细胞的第一活化信号　T 细胞活化、增殖、分化成 Th2 细胞的同时，B2 细胞通过表面的 BCR 识别并结合抗原，产生 B2 细胞的第一活化信号，并由 Igα/Igβ 传入 B 细胞内（图 1 - 7b）；同时，B2 细胞通过 BCR 摄取、加工和提呈抗原，在其表面表达抗原肽 - MHC Ⅱ类分子复合物（图 1 - 7c）。与 TCR 有所不同，BCR 可以直接识别和结合抗原，无需 APC 加工和提呈，无 MHC 限制性。

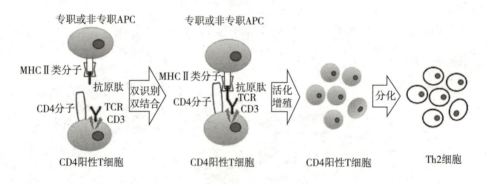

（a）CD4阳性T细胞活化、增殖、分化成Th2细胞

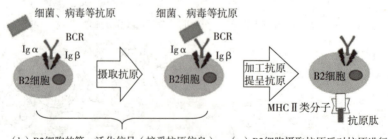

（b）B2细胞的第一活化信号（接受抗原信息）　（c）B2细胞摄取抗原后对抗原进行加工、提呈

图 1 - 7　体液免疫应答的第一阶段

2. 第二阶段

（1）B 细胞的第二活化信号　Th2 细胞辅助 B2 细胞活化，B 细胞增殖、分化成浆细胞和记忆细胞。

Th2 细胞和 B2 细胞之间复杂的相互作用，提供了 B 细胞的第二活化信号，具体过程是 Th2 细胞表面的 TCR、CD4 分子与 B 细胞表面的抗原肽 – MHC Ⅱ类分子复合物发生双结合，然后 Th2 细胞和 B2 细胞表面表达多种协同刺激分子相互结合（图 1 – 8）。

（2）B 细胞的第三活化信号　多种细胞因子提供 B 细胞活化的第三信号，B 细胞完全活化；活化的 B 细胞在细胞因子的作用下，增殖、分化成浆细胞和记忆 B 细胞，记忆 B 细胞在再次免疫应答中起重要作用。

3. 第三阶段　浆细胞分泌抗体，发挥体液免疫效应，如抗胞外感染、超敏反应（Ⅰ、Ⅱ、Ⅲ型）、移植排斥反应等。

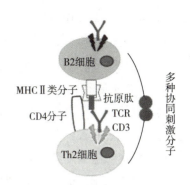

图 1 – 8　B2 细胞的第二活化信号

第四节　黏膜免疫

一、黏膜免疫概论

1. 黏膜免疫概念　抗原通过口服、滴鼻等途径诱导消化道、呼吸道等黏膜局部发生的免疫应答，黏膜免疫是全身性免疫的重要组成部分，在防御病原体入侵、维持体内稳态中发挥关键作用。

2. 黏膜免疫系统

（1）黏膜组织　由消化道黏膜、呼吸道黏膜、泌尿生殖道黏膜等组成，总面积约 $400m^2$，包含人体约 80% 的免疫细胞。

（2）黏膜免疫系统　包括诱导部位和效应部位，诱导部位主要负责抗原捕获、加工和提呈，激活免疫细胞，诱导免疫应答或免疫耐受，包括黏膜表面的上皮细胞、M 细胞、黏膜相关淋巴组织等；效应部位主要负责对抗原的免疫应答，包括上皮内淋巴细胞（IEL）、固有层淋巴细胞（LPL）、天然淋巴样细胞（ILC）等弥散的免疫细胞，还有唾液腺等一些外分泌腺。

（3）黏膜相关淋巴组织　包括肠相关淋巴组织（GALT）、支气管相关淋巴组织（BALT）和鼻相关淋巴组织（NALT）等。GALT 是全身最大淋巴组织，是抗原识别和免疫应答起始的地方，包含人体约 70% 的免疫细胞，由派尔集合淋巴结（Peyer 小结）、肠上皮细胞和特化的上皮细胞——M 细胞组成。派尔集合淋巴结内有生发中心、B 细胞、树突状细胞和巨噬细胞等。

3. 黏膜免疫关键细胞

（1）M 细胞　又称膜性细胞，是高度特化的扁平上皮细胞，主要存在于肠道中，负责摄取和转运病原微生物等颗粒性抗原，不同病原微生物通过不同的机制被 M 细胞转运。在 M 细胞侧面有 M 细胞上皮下淋巴组织，内含大量免疫细胞，如 T 细胞、IgA$^+$B 细胞、巨噬细胞、树突状细胞，能够迅速识别 M 细胞转运的抗原，并对抗原进行加工和提呈，从而迅速启动免疫应答。除了转运抗原，M 细胞还能提供共刺激信号给 T 细胞、B 细胞。

（2）上皮内淋巴细胞（IEL）　主要存在于小肠黏膜绒毛上皮细胞之间，内含 T 细胞和 NK 细胞。在肠道黏膜免疫中的作用包括免疫监视、口服耐受和黏膜免疫的细胞免疫应答中发挥重要作用。

（3）IgA$^+$B 细胞　在黏膜免疫系统诱导部位，抗原被吞噬、加工和提呈，B 细胞在 T 细胞辅助下活化、增殖和分化，前体 B 细胞在诱导部位发生抗体类别转换，形成可以合成 IgA 的浆细胞。IL – 4、

TGF－β是诱导 IgM⁺B 细胞转换为 IgA⁺B 细胞的重要细胞因子。

sIgA 是分泌型抗体，由黏膜免疫系统合成并经上皮细胞分泌到黏膜表面，是黏膜表面的主要抗体，产量大，合成率高，超过其他所有抗体，且耐受蛋白酶水解（依赖分泌片和铰链中富含脯氨酸的糖基化区域），在胃肠道等部位的生存能力大于 IgG 等其他抗体，在黏膜免疫中发挥关键作用，如促进黏膜中病原微生物等抗原的捕获，阻止病原微生物与黏膜表面接触，和黏膜表面抗菌物质协同发挥作用等。

sIgA 形成的过程：首先，腺体附近的浆细胞合成连接。链和 IgA，最终形成二聚体或多聚体 IgA，通过非共价键和腺上皮细胞合成的分泌片结合（分泌片约 95 kDa，是 sIgA 的一部分，可以保护 sIgA 耐受肠道蛋白酶水解，也是转运受体，介导 sIgA 分泌）；然后，二聚体或多聚体 IgA 被腺上皮细胞以胞饮的方式吞入，在腺上皮细胞内经二硫键交换形成 sIgA；最后，依赖腺上皮细胞的主动转运，sIgA 从腺体分泌到黏膜表面。

（4）其他关键细胞 如树突状细胞、巨噬细胞、黏膜上皮细胞等，作为抗原提呈细胞，在黏膜免疫中发挥关键作用。

4. 黏膜免疫基本过程 通常情况下，免疫细胞在黏膜免疫系统的诱导部位和效应部位之间循环。当外来抗原侵入机体，机体使抗原暴露在有大量免疫细胞的诱导部位，肠上皮细胞（IEC）、M 细胞和上皮内淋巴细胞等抗原提呈细胞对病原微生物等抗原进行吞噬、加工和提呈，进而激活 T 细胞、B 细胞，然后，激活的 T 细胞、B 细胞从诱导部位迁出，经过血液循环或淋巴循环归巢到远处的效应部位，在呼吸道、胃肠道、生殖道黏膜和唾液腺等部位发挥黏膜免疫效应，同时，IgG、IgA 抗体形成细胞进入黏膜组织发挥黏膜免疫效应。消化道黏膜免疫如图 1-9 所示。

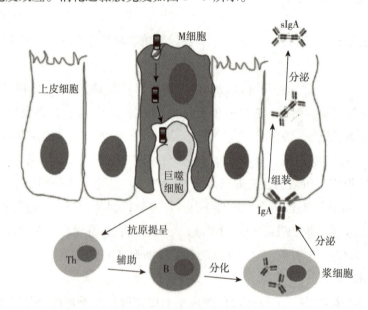

图 1-9 消化道黏膜免疫

5. 黏膜诱导免疫耐受

（1）口服耐受 黏膜每天会接触大量食物抗原和正常菌群，因此黏膜免疫较为特殊，对病原微生物等进行免疫应答，但对大量食物抗原和正常菌群等产生免疫耐受。口服耐受主要是指肠道黏膜相关淋巴组织诱导的免疫耐受，可以避免蛋白摄入引起的过敏反应。例如，实验组动物口服抗原，对照组动物不做处理，一段时间后，两组动物同时接种同种抗原，结果表明，实验组动物的免疫应答和对照组动物相比显著降低。

（2）口服耐受机制 肠道菌群、调节性 T 细胞、树突状细胞和肠上皮细胞在肠道免疫耐受中均发挥重要作用，但具体机制尚不清楚，较为确定的有三点：一是黏膜免疫忽略抗原的存在，二是黏膜免疫诱导T细胞无能或缺失，三是黏膜免疫控制和降低免疫应答。

（3）口服耐受影响因素 包括口服抗原量、抗原性质和免疫次数等。小剂量抗原多次口服会导致免疫应答降低，大剂量抗原多次口服抑制体液免疫和细胞免疫应答，高剂量抗原一次口服诱导全身无免疫应答。

（4）黏膜免疫和口服耐受 两者并不矛盾，口服耐受负责对摄入的食物蛋白和正常菌群产生耐受，不对病原微生物产生耐受；黏膜免疫负责对病原微生物产生免疫应答，不对食物蛋白和正常菌群产生免疫应答。

（5）解决口服耐受的途径 可以采用黏膜免疫佐剂、载体或抗原递送系统等。

（6）口服耐受的临床应用 口服耐受虽不利于口服疫苗，但可以利用口服耐受使自身免疫性疾病得到缓解，对于自身免疫性疾病的治疗会有较好的应用前景。

二、黏膜免疫应用

（一）黏膜免疫优势和局限性

1. 黏膜免疫优势 常规肌肉或皮下注射疫苗只能诱导系统性免疫应答，不易诱导黏膜免疫应答，而黏膜疫苗既能诱导系统性免疫应答，也能诱导黏膜局部免疫应答，因此针对经黏膜感染人体的细菌、病毒、寄生虫等病原生物，开发黏膜疫苗具有重要意义。

黏膜免疫除了能诱导机体对病原微生物等抗原的免疫应答外，还能诱导机体对无害的食物抗原和正常菌群的免疫耐受。口服可溶性抗原能诱导机体产生黏膜免疫耐受。针对自身免疫性疾病、过敏性疾病，基于黏膜免疫耐受开发防治策略具有重要意义。

2. 黏膜免疫局限性 迄今为止，除了脊髓灰质炎口服疫苗，几乎没有黏膜疫苗被广泛应用。阻碍黏膜疫苗开发的障碍有几个方面，包括黏膜疫苗递送系统、黏膜免疫佐剂、黏膜疫苗免疫原性等。

（二）黏膜疫苗设计

1. 设计原则

（1）抗原不会被酶解或降解，可考虑采用疫苗递送系统；能够促进黏膜中的抗原提呈细胞有效摄取抗原；使用黏膜促进吸收剂破坏黏膜上皮细胞间存在的紧密连接。

（2）能够诱导适应性免疫应答和免疫记忆；通过使用佐剂增强局部免疫应答。

（3）提高黏膜免疫效率，包括合适的免疫程序，尽量减少免疫次数等。

2. 疫苗递送系统 黏膜疫苗要克服化学、生物等黏膜屏障，才能接触黏膜免疫系统的诱导部位而启动免疫应答。置于黏膜表面的黏膜疫苗，如同病原微生物一样面临严酷考验，如被黏膜分泌物稀释、被黏膜表面sIgA捕获、被蛋白酶和核酸酶降解、被黏膜上皮屏障系统排除等，因此，黏膜疫苗需要依赖递送系统穿越黏膜屏障，将黏膜疫苗送到黏膜免疫诱导部位才能发挥作用。

3. 佐剂 除疫苗递送系统外，黏膜疫苗还需要佐剂来激发免疫应答。黏膜免疫佐剂是黏膜疫苗开发的重要组成部分，目前关注较多的有细菌毒素、TLR配体和细胞因子等。

（1）细胞毒素 主要包括霍乱毒素（CT）、肠埃希菌热不稳定毒素（LT）和它们的变体或亚单位，CT和LT是最有效的黏膜免疫佐剂，但细胞毒素有天然毒性和免疫原性，应用受到了限制。

（2）TLR配体 TLR识别细菌脂多糖（LPS）等抗原相关分子模式，促进炎症因子和共刺激分子的表达，进而刺激固有免疫和适应性免疫。黏膜系统免疫细胞活化后TLR上调，因此，可以用TLR配体刺激免疫系统，增强免疫效应。目前，美国食品药品管理局（FDA）批准作为佐剂的 TLR 配体是葛兰史克公司的人乳头瘤病毒疫苗——AS04，AS04 由 TLR 配体 MPL（单磷酰脂质 A，分离自明尼苏达沙门菌 R595 脂多糖）和铝组成；另一个基于 MPL 的佐剂是 AS01，由 TLR 配体 MPL、脂质体和皂素组成。TLR 配体 CpG 是一个有前景的佐剂，CpG 来源于细菌 DNA 中由 CpG 基序组成的免疫刺激序列，在体外可直接发挥免疫刺激效应。

（3）细胞因子　大多数细胞因子可直接作为佐剂发挥作用。目前，作为黏膜免疫佐剂研究的细胞因子主要有 IL-1、IL-6、IL-12 和趋化因子等，各种细胞因子引发黏膜免疫应答的效应各不相同，但细胞因子价格昂贵，应用于临床尚不现实。

（三）消化道疫苗

1. 概述　消化道疫苗即口服疫苗，是目前公认最安全、最方便的黏膜免疫途径，可以模拟病原微生物自然感染途径，在消化道局部诱导黏膜免疫应答，除此之外，还能诱导全身性免疫应答，无需注射，可以避免因疫苗注射引起的各种问题，节省人力、物力和财力。尽管存在多种优势，但胃肠道环境的低 pH、大量消化酶、黏膜上皮和上皮细胞间的紧密等因素不利于抗原到达黏膜诱导位点，胃肠道大量内容物会稀释抗原，大量微生物会干扰抗原。

2. 机制和特点　小肠含有人体 70% 以上的免疫细胞，是最大的免疫器官，扁桃体、小肠派伊尔结和黏膜淋巴样组织是比较理想的黏膜免疫诱导位点，除此之外，还有呼吸道、生殖道和乳腺等。诱导位点的树突状细胞、M 细胞等抗原提呈细胞摄取、处理并提呈抗原，诱导 T 细胞和 B 细胞活化、增殖，然后这些 T、B 细胞从黏膜诱导位点移行至黏膜效应位点，进一步分化成效应 T、B 细胞，最后通过产生大量细胞因子或抗体发挥作用。

3. 扁桃体　抗原首先在扁桃体诱导免疫应答，扁桃体的黏膜上皮细胞表达 TLR 等免疫分子，可以和病原体相关分子模式（PAMP）结合，最终诱导产生各种促炎因子和抗菌物质，还可产生各种免疫球蛋白。

4. 小肠派伊尔结　是小肠黏膜免疫的主要诱导部位，特别是在颗粒性抗原的提呈中发挥重要作用，由于抗原在扁桃体停留时间较短，所以很多消化道疫苗都是针对小肠派伊尔结设计的。

5. 设计原则　必须具有足够抗原；抗原能诱导口服耐受；选用安全高效的黏膜佐剂提高免疫原性；采用疫苗投递系统递送抗原至黏膜免疫诱导位点；构建靶向肠道黏膜的疫苗提高 M 细胞、树突状细胞等抗原提呈细胞对抗原的摄取和抗原定植概率。

6. 接种方式　不同动物群体接种方式不同，例如，人采用口服接种，猪、羊等大动物多采用放饲料中食用，小动物采用饮水接种。消化道接种方式能够引起舌下免疫、鼻腔免疫、肠道黏膜免疫、扁桃体黏膜免疫、下呼吸道黏膜免疫或生殖道黏膜免疫等。

7. 舌下免疫　需要的抗原量很少，有较好的安全性，除了诱导舌下免疫，还能诱导全身性免疫、生殖道黏膜免疫，比鼻腔免疫更加安全、有效，已广泛用于人类特异性过敏原的治疗。

（四）呼吸道疫苗

1. 概述　呼吸道疫苗具有抗原用量少、不受消化酶影响、不会引起免疫耐受等优势，但鼻腔内纤毛的摆动导致抗原只能在鼻腔黏膜表面做短暂停留，鼻黏膜表面的少量蛋白水解酶和黏液可能减弱鼻腔免疫，可溶性抗原不适合采用鼻腔免疫。

2. 机制和特点　上呼吸道接触的病原微生物多，下呼吸道接触的病原微生物少，因此上呼吸道黏膜分布的淋巴组织多，下呼吸道分布的淋巴组织少，上呼吸道黏膜免疫的主要诱导位点是鼻相关淋巴组织，主要诱导产生 IgA，下呼吸道黏膜免疫的主要诱导位点是支气管相关淋巴组织，主要诱导产生 IgG。

3. 鼻相关淋巴组织 理想的上呼吸道黏膜诱导位点，诱导的免疫应答根据抗原性质、含量、接种次数等因素的不同而有所不同，可溶性抗原很容易到达黏膜诱导位点，被抗原提呈细胞摄取，颗粒性抗原很容易被清除，但一旦和黏膜上皮接触，可被抗原提呈细胞摄取。

4. 设计原则 使用黏附剂延长抗原在鼻腔黏膜表面的黏附和滞留时间，使用免疫增强剂提高抗原的免疫原性，使用促吸收剂增强抗原在呼吸道黏膜上皮的穿透作用，使用疫苗递送系统等促进抗原摄取。

5. 黏附剂 具有黏性高、pH 敏感性高、水溶性低等特点，能增强抗原黏附和停滞时间，但会增加疫苗制备工艺的挑战，作用机制有三种：第一种是亲水性聚合物，通过氢键和亲水作用产生黏附作用，如海藻酸钠、羧甲基纤维素钠等；第二种是阳离子聚合物，通过和带负电的黏膜产生电荷吸附和氢键实现黏附，如壳聚糖多聚物等；第三种是巯基聚合物，通过和黏膜的半胱氨酸形成共价二硫键实现吸附。

6. 促吸收剂 通过降低黏膜黏度、增强膜融合能力等作用有效增强对呼吸道上皮的穿透作用，促进抗原吸收，提高生物利用度，常用的呼吸道促吸收剂包括胆酸盐类、脂肪类、聚氧乙烯醚类、糖苷类、聚氧乙烯脂类等。

7. 接种方式 主要以直接滴鼻方式进行，还有干粉吹入、喷雾、肺内免疫等方式。鼻腔接种后的一部分疫苗进入鼻腔，另一部分可进入消化道，因此不仅可诱导鼻腔免疫，还能诱导消化道免疫。

（1）直接滴鼻 大部分疫苗不能到达下呼吸道，对下呼吸道的感染不能很好地发挥作用，干粉吹入方式、喷雾方式、肺内免疫可到达下呼吸道。

（2）干粉吹入 疫苗到达黏膜黏液层会发生水化作用，可降低黏膜对其清除作用，从而增加抗原停留时间。常加入壳聚糖等黏附剂来进一步增加停留时间。干粉接种方式的疫苗其生产工艺较为严格，影响疫苗效果的最重要因素是颗粒大小，其他影响因素还包括颗粒聚集性、气溶胶参数、稳定性等。

（3）喷雾 优点是能模拟传染病自然感染途径，疫苗可以到达肺部组织，没有疼痛反应，安全性好，适合大规模接种；缺点是需要特定设备。

（4）肺内免疫 优点是面积大、淋巴细胞多、抗原停留时间长；缺点是极少抗原能诱导很强的免疫应答。

（五）已上市黏膜疫苗

目前上市的人用黏膜疫苗有脊髓灰质炎疫苗、伤寒沙门菌苗、腺病毒疫苗、霍乱弧菌疫苗、轮状病毒疫苗和流感疫苗等。

第五节 肿瘤免疫

一、肿瘤和致癌物

1. 肿瘤 肿瘤分为良性和恶性。良性肿瘤生长较慢，肿瘤细胞被严密包裹，无法进入血液，通常不会导致死亡。恶性肿瘤即癌，生长相对较快，癌细胞很少被包裹，会进入血液并发生转移，如果不及时治疗，可能会导致死亡。

2. 致癌物 能够引起癌变的物质，包括化学致癌物、病原微生物、放射性致癌物、辐射等，不同致癌物所诱发的肿瘤类型也会有所不同（表 1 - 8）。

表 1-8　不同致癌物诱发的肿瘤类型

致癌物举例	相关肿瘤
乙醇	肝癌、食管癌、喉癌
铝	肺癌
苯酚	白血病
烟草	肺癌、食管癌、喉癌、胰腺癌、肝癌
EB 病毒	伯基特淋巴瘤、霍奇金淋巴瘤
幽门螺杆菌	胃癌
肝炎病毒	肝癌
人乳头瘤病毒	子宫颈癌、阴茎癌
卡波西肉瘤疱疹病毒	卡波西肉瘤

二、肿瘤免疫和肿瘤抗原

1. 肿瘤免疫　肿瘤细胞来源于宿主正常细胞，但会诱导肿瘤免疫，免疫系统通过发挥 "免疫监视" 的功能保护机体免于患上肿瘤，然而，肿瘤免疫却并不能清除肿瘤，可能的原因如下。

（1）肿瘤细胞能进行免疫逃逸。

（2）肿瘤细胞不表达能被免疫系统识别的抗原。

（3）肿瘤细胞的增殖和扩散能力可能超过了免疫系统的控制能力。

2. 肿瘤抗原　肿瘤抗原存在于肿瘤细胞中，是肿瘤发生时新表达或表达量升高的抗原，这些抗原可作为肿瘤标志物用于各种不同肿瘤的诊断（表 1-9），主要可分为 4 类，肿瘤特异性抗原、肿瘤相关抗原、理化因素诱导的肿瘤抗原和病毒诱发的肿瘤抗原。

表 1-9　肿瘤标志物

肿瘤发生器官	肿瘤标志物
甲状腺	HCT、NSE、TG
肺	CEA、NSE、CYFRA21-1、SCC、TPA
食管	SCC、CEA
肝	AFP、CA19-9
胆囊	CA19-9
膀胱	TPA、CEA
前列腺	PSA
睾丸	AFP、hCG、SCC
乳腺	CA15-3、CEA
胃	CEA、CA19-9、CA72-4
卵巢	CA12-5、CA72-4、hCG、AFP
宫颈	SCC、CEA
结肠	CEA、CA19-9

（1）肿瘤特异性抗原（TSA）　在正常细胞中不存在，只在特定肿瘤细胞中表达，是由肿瘤细胞突变基因产生的抗原。同一类型肿瘤患者体内表达的肿瘤抗原集合可能会有所不同，并且随着肿瘤的发展，还会产生新的抗原集合，这些新抗原的鉴定对于肿瘤诊断、预防和治疗非常重要，如前列腺特异性抗原（PSA）等。

（2）肿瘤相关抗原（TAA）　在正常细胞中低表达，但在肿瘤细胞中高水平表达，如癌胚抗原（CEA）、甲胎蛋白（AFP）、糖类抗原 19 - 9（CA19 - 9）等。CEA 是一种高度糖基化膜蛋白，属于细胞间黏附分子，在胎儿和肿瘤细胞中高水平表达，在成人中表达量不高，目前作为广谱性肿瘤标志物用于肿瘤的诊断。AFP 是一种糖蛋白，在胎儿体内和肿瘤细胞中高水平表达，在成人体内表达不高，是诊断原发性肝癌的最佳标志物。糖脂和糖蛋白抗原是多数肿瘤表达的高于正常水平的表面异常糖脂和糖蛋白，如 CA19 - 9 等。

（3）理化因素诱导的肿瘤抗原　受到辐射或化学致癌物等作用后，基因发生突变表达新的抗原。点突变在肿瘤中很常见，如经典的 p53 癌基因等。

（4）病毒诱发的肿瘤抗原　研究发现，某些肿瘤的发生和病毒感染关系密切，如 EB 病毒（EBV）和鼻咽癌、人乳头瘤病毒（HPV）和宫颈癌、乙肝病毒（HBV）和肝癌等。DNA 病毒和 RNA 病毒基因可整合到人体 DNA 中，表达形成肿瘤抗原，如人乳头瘤病毒诱发产生的 E16 和 E17 蛋白等。

三、肿瘤免疫应答

1. 固有免疫

（1）抗肿瘤　肿瘤细胞能激活补体 MBL 途径，从而溶解肿瘤细胞；NK 细胞无需抗原刺激就可杀伤肿瘤细胞，能逃避杀伤性 T 细胞的肿瘤细胞，也可被 NK 细胞杀伤，有时候 NK 细胞比杀伤性 T 细胞更重要；M_1 型巨噬细胞通过吞噬、分泌 IFN、一氧化氮（NO）等作用发挥抗肿瘤作用。

（2）促肿瘤　固有免疫细胞如 M_2 型巨噬细胞等是直接促发肿瘤的元凶，可能的机制包括：促进血管重塑、组织重生；产生的自由基促进肿瘤基因突变，从而促进肿瘤细胞向恶性转化；分泌转录因子核因子（NF - κB）等可溶性因子，促进肿瘤细胞存活和细胞周期进程。

2. 适应性免疫

（1）抗肿瘤　杀伤性 T 细胞杀伤肿瘤细胞是肿瘤免疫的主要机制，辅助性 T 细胞 Th1 通过分泌细胞因子 TNF 和 IFN 发挥抗肿瘤作用；肿瘤患者体内存在针对肿瘤抗原的抗体，抗体通过下列方式发挥抗肿瘤作用：①抗体和自然杀伤细胞共同发挥 ADCC 作用杀伤肿瘤细胞；②抗体和补体共同发挥 CDC 作用杀伤肿瘤细胞；③抗体和巨噬细胞等吞噬细胞共同发挥 ADCP 作用杀伤肿瘤细胞；④抗体能够和肿瘤细胞表面的某些受体结合来抑制肿瘤细胞生长；⑤抗体能够和肿瘤细胞表面抗原结合，通过修饰肿瘤细胞表面结构使其失去黏附特性，从而阻止肿瘤细胞黏附。

（2）促肿瘤　树突状细胞诱导 CD4 阳性 T 细胞分化成 Th2 或调节性 T 细胞，他们能够抑制肿瘤免疫，促进 M_2 型巨噬细胞的生成，发挥促肿瘤作用；B 细胞通过分泌因子和激活固有免疫细胞发挥促肿瘤作用。

四、肿瘤免疫逃逸

肿瘤具有逃避机体免疫系统的能力，肿瘤的免疫逃逸机制主要分为免疫反应抑制、肿瘤抗原表达缺失和 MHC Ⅰ类分子表达异常等。

1. 免疫反应抑制

（1）肿瘤细胞表达的免疫抑制分子　肿瘤利用免疫抑制分子来逃避机体免疫系统，CTLA - 4 或 PD - 1分子是目前 T 细胞最明确的免疫抑制分子。CTLA - 4 和 PD - 1 通常在肿瘤浸润性 T 细胞中高表达，而肿瘤浸润性 T 细胞是 T 细胞功能障碍表型。阻断 CTLA - 4 和 PD - 1 通路以逆转 T 细胞功能障碍表型已被广泛应用于临床。

（2）肿瘤细胞分泌抑制性产物　肿瘤细胞分泌 TGF-β、前列腺素（PGE）等抑制性产物抑制 T、B 细胞和巨噬细胞的增殖和效应发挥。

（3）调节性 T 细胞被抑制　肿瘤患者体内，调节性 T 细胞数量增加，实验研究发现，肿瘤小鼠体内调节性 T 细胞数量可增强抗肿瘤免疫。

2. 肿瘤抗原缺失　在肿瘤免疫产生的选择压力下，肿瘤特异性抗原表达量低的肿瘤细胞得以存活和生长，随着时间推移，肿瘤逐渐丢失特异性抗原，导致肿瘤的免疫原性逐渐降低，最终实现免疫逃逸。

3. MHC Ⅰ类分子表达异常　除了肿瘤特异性抗原丢失，肿瘤细胞 MHC Ⅰ类分子的表达可能也会下调或者不表达，影响肿瘤抗原的提呈，导致细胞毒性 T 细胞杀伤肿瘤能力低下。

五、肿瘤免疫治疗

免疫疗法相比传统的放射治疗、化药治疗，对人体损伤小，是特异性的抗肿瘤疗法，主要包括阻断 T 细胞免疫抑制分子、肿瘤疫苗、过继细胞疗法、细胞因子疗法等。

1. 阻断 T 细胞免疫抑制分子　又称为检查点阻断疗法。阻断 T 细胞免疫抑制分子如 CTLA-4、PD-1 等是增强肿瘤免疫的最有效方法之一。一种药物是抗 CTLA-4 分子抗体，被批准用于晚期黑色素瘤治疗，通过阻断 CTLA-4 分子和耗尽高水平表达 CTLA-4 分子的调节性 T 细胞发挥作用。阻断 PD-1 分子比阻断 CTLA-4 分子更加有效，不良反应更加轻微，已被批准用于黑色素瘤等多种类型转移性癌症的治疗。PD-1 分子和 CTLA-4 分子的联合阻断比单独阻断更加有效，已被批准用于多种癌症的治疗。这种治疗方法的常见不良反应是自身免疫性反应和炎症反应，超过 50% 患者对这些药物没有反应或产生耐药性。

2. 肿瘤疫苗　由树突状细胞和肿瘤细胞或肿瘤抗原组成的肿瘤疫苗已进入临床试验，肿瘤特异性抗原肽的鉴定和特异性抗原基因的克隆为肿瘤疫苗的研制提供了很多候选肿瘤抗原。大多数肿瘤疫苗是治疗性疫苗，必须在肿瘤发生后给药，需要克服肿瘤建立的免疫调节。病毒诱导的肿瘤可通过接种病毒抗原或减毒活病毒进行预防，如宫颈癌可通过接种 HPV 疫苗进行预防。

3. 免疫细胞疗法

（1）CAR-T 细胞疗法　已成功应用于血液恶性肿瘤的治疗，目前正在开发用于其他肿瘤的治疗。新的挑战在于如何将注射的 CAR-T 细胞引入肿瘤组织部位，使所注射的 CAR-T 细胞仅针对肿瘤细胞而不会杀死正常细胞。

（2）肿瘤特异性 T 细胞疗法　是从肿瘤患者体内获得特异性 T 细胞，在体外扩增、活化后再回输到肿瘤患者体内的疗法，这种疗法成功例数不多，可能是因为患者体内有效的肿瘤特异性 T 细胞含量较低。

（3）DC-CIK 细胞疗法　采集肿瘤患者血液，分离外周血单个核细胞，分别培养 DC 细胞和 CIK 细胞，然后将 DC 细胞和 CIK 细胞共同培养获得 DC-CIK 细胞，将细胞回输到肿瘤患者体内。

4. 抗体被动免疫疗法　将肿瘤特异性抗体转移到肿瘤患者体内的疗法，这种疗法只能发挥短期免疫作用，效果不能持久。抗体被动免疫疗法通过多种方式发挥作用。例如，有些抗体先结合到肿瘤细胞上，再通过 ADCC、CDC 效应发挥抗肿瘤作用；有些抗体和肿瘤细胞上的生长因子受体结合，干扰肿瘤生长和存活所需要的信号；有些抗体被设计表达两种不同的抗原结合位点，即双特异性抗体，能够促进特异性 T 细胞靶向攻击肿瘤细胞；有些抗体偶联细胞毒素，即 ADC 药物，通过抗体的特异性靶向作用，将高浓度细胞毒素输送到肿瘤所在位置，发挥杀死肿瘤细胞的作用。

5. 细胞因子疗法 有些细胞因子可增强肿瘤特异性 T 细胞和树突状细胞活化、增殖和分化，有些细胞因子能够诱导非特异性炎症反应，这些反应可能具有抗肿瘤作用。例如，干扰素 α（IFN - α）被批准用于多种肿瘤的治疗，干扰素 γ（IFN - γ）、肿瘤坏死因子因毒副作用而使应用受到限制，GM - CSF 和 G - CSF 可缓解化疗后中性粒细胞、血小板减少的时间。

第六节 免疫调节

一、药物与免疫调节

免疫调节剂可以非特异性地增强或抑制免疫功能，被广泛应用于肿瘤、感染、免疫缺陷病、自身免疫性疾病和器官移植排斥反应等疾病的治疗，按作用可将免疫调节剂分为免疫增强剂和免疫抑制剂。

（一）免疫增强剂

免疫增强剂主要包括免疫因子制剂、化学制剂和微生物制剂等。

1. 免疫因子制剂

（1）转移因子 是从介导超敏反应的致敏淋巴细胞中得到的小分子混合物，包括多肽、游离氨基酸等，主要用于治疗免疫低下引起的疾病。

（2）免疫核糖核酸 是从介导超敏反应的致敏淋巴细胞中得到的核糖核酸物质，具有传递免疫信息的能力，主要用于治疗肿瘤和感染性疾病。

（3）胸腺素 来源于胸腺的可溶性多肽混合物，包括胸腺素、胸腺生长素等，可促进 T 细胞成熟，主要用于治疗感染性疾病。

（4）细胞因子 如，IFN 具有抗病毒、抗肿瘤和免疫调节作用，TNF - α 主要用于肿瘤的辅助治疗，IL - 2 可以促进自身活化和增殖而产生强大的免疫效应。

2. 化学制剂 包括左旋咪唑、西咪替丁、异内肌苷等。左旋咪唑对免疫功能低下的机体免疫增强作用明显。西咪替丁可以阻止组胺对抑制性 T 细胞的活化，从而发挥免疫增强作用，还能显著抑制肿瘤生长。异内肌苷能促进 T 细胞增殖和活化，从而增强细胞免疫和抗病毒感染。

3. 微生物制剂 包括卡介苗、短小棒状杆菌、CpG、OK - 432 等。

（1）卡介苗 牛型结核杆菌减毒活疫苗，可以活化巨噬细胞，增强 NK 细胞活性，促进多种细胞因子合成，提高抗原提呈细胞的抗原摄取和提呈能力，已用于多种肿瘤的治疗。

（2）短小棒状杆菌 为革兰阳性小型棒状杆菌，可以活化巨噬细胞，促进多种细胞因子合成，已用于治疗肝癌、肺癌等。

（3）CpG 细菌 DNA 中具有免疫激活作用的特定序列，可以活化免疫细胞，促进细胞因子的合成，提高抗原提呈细胞的抗原提呈能力，促进细胞免疫和体液免疫，作为佐剂和 DNA 疫苗组分应用于免疫治疗。

4. 中药及其有效成分 中药在免疫调节方面有着十分广阔的应用前景。黄芪、人参、枸杞等中药具有明显的免疫增强作用，即上调免疫。植物多糖如黄芪多糖、枸杞多糖等可促进抗体和细胞因子合成，促进细胞免疫和体液免疫。中药还具有免疫抑制的作用，可将机体过高的免疫状态调整至正常水平，即下调免疫。中药有效成分如苷类、黄酮类、生物碱类、多糖类、挥发油等成分均具有免疫双向调节作用。

（二）免疫抑制剂

免疫抑制剂主要包括抗体、化学制剂、激素、真菌代谢产物、中药及其有效成分等。

1. 抗体　用抗体和特定细胞表面抗原结合，通过激活补体清除细胞，例如，抗 CD3 抗体可清除 T 细胞，抗淋巴细胞球蛋白可用于抑制器官或骨髓移植后的急性排斥反应。

2. 化学制剂　主要包括烷化剂和抗代谢药两大类。常用的烷化剂有氮芥、苯丁酸氮芥和环磷酰胺等，通过干扰 DNA 复制和蛋白质合成的方式抑制淋巴细胞增殖、分化，从而抑制免疫应答，抑制体液免疫大于细胞免疫。常用的抗代谢药物主要有两类，嘌呤和嘧啶类似物、叶酸拮抗剂。嘌呤和嘧啶类似物主要通过干扰 DNA 复制的方式抑制免疫应答，抑制细胞免疫大于体液免疫，主要用于抑制器官移植排斥反应；叶酸拮抗剂如甲氨蝶呤，主要通过干扰蛋白质合成的方式抑制免疫应答。

3. 激素　许多激素都可以通过神经 – 内分泌 – 免疫网络参与免疫调节。比如，糖皮质激素，常用的有氢化可的松、泼尼松等。肾上腺皮质激素是应用最早、最广泛的免疫抑制剂，是自身免疫性疾病的首选治疗药物，也可用于器官移植排斥反应、急性排斥反应和过敏性疾病的治疗。激素具有明显的抗炎和抑制免疫应答作用，可用于器官移植排斥反应的治疗。

4. 真菌代谢产物　主要有环孢素 A、他克莫司（FK – 506）等。环孢素 A 是一种 11 个氨基酸的环形多肽，细胞免疫抑制作用强，毒性小。FK – 506 是大环内酯类抗生素，与环孢素 A 作用机制相似，且与环孢素 A 具有协同作用。

5. 中药及其有效成分　有些中药具有不同程度的免疫抑制作用。我国开发的雷公藤总苷能明显抑制免疫应答，可用于器官移植排斥反应的治疗，且和环孢素 A 具有协同作用。

二、食物与免疫调节

合理的营养素摄入是维持机体正常免疫功能的重要条件。通过适当的营养素补充，可以提高人体免疫系统功能，使之更加全面和有效，对外在病原体和有害因素具有更强的抵抗能力，从而预防疾病的发生。

（一）营养素对免疫的影响

营养健全的免疫系统对于人体健康具有积极作用。第一，组成免疫系统的免疫器官、免疫细胞、免疫分子的物质组成和功能维持都离不开碳水化合物、脂质和蛋白质；第二，免疫系统的运行同样需要产能营养素供给能量；第三，维生素、微量元素可以影响免疫系统功能；第四，膳食纤维有利于肠道黏膜免疫。

当营养素缺乏时，机体对免疫系统的营养素供给会下调，因为此时机体需要为必要的循环、消化等系统正常行使功能提供营养保证，使机体得以生存，因此，即使机体生理功能和生化指标仍表现正常，但免疫系统其实已经发生了异常的变化。当机体出现营养不良（营养缺乏或营养过剩）的症状时，免疫系统易受到一定程度的损伤和抑制，如抗体等免疫分子生成能力降低，巨噬细胞等免疫细胞活性降低等。

1. 碳水化合物　又称糖类，可分为单糖类、寡糖类、多糖类和膳食纤维等。不同碳水化合物对人体免疫系统的作用有所不同。

（1）单糖　可为人体免疫系统运行提供能量。

（2）寡糖　可增强巨噬细胞等免疫细胞的数量和功能，提升抗体等免疫分子的含量，通过促进肠道双歧杆菌等正常菌群生长繁殖，抑制沙门菌等有害菌群生长繁殖，从而维持较强的肠道黏膜免疫功能。

（3）多糖 来源于动物、植物和食用菌等，植物多糖有茯苓多糖、灵芝多糖、当归多糖和香菇多糖等。除了可以为人体免疫系统运行提供能量，还是一种免疫调节剂。对于体液免疫的影响，多糖的调节作用大多具有剂量依赖的双向性，即低浓度促进体液免疫，高浓度抑制体液免疫；对于细胞免疫的影响，多糖可以促进 T 细胞成熟、增殖和分化，激活补体；对细胞因子的影响，多糖可以促进细胞因子的产生和分泌；对于单核 – 巨噬细胞的影响，不同来源的多糖其影响能力各不相同。

（4）膳食纤维 其增强黏膜免疫的功能分为两个方面：一是通过刺激肠道蠕动，促进肠道正常菌群生长繁殖，抑制有害菌群生长繁殖；二是肠道酵解生成的营养物质短链脂肪酸，对肠道黏膜具有营养作用，可以促进黏膜细胞增殖。膳食纤维摄入可以改善人体免疫器官的病理状态，如高纤维饮食可以降低肠癌的风险，可以改善肺功能，降低肺部疾病。

2. 脂类 主要包括油脂和类脂。油脂即甘油三酯，可以分解成甘油和脂肪酸。类脂主要包括磷脂、糖脂和胆固醇。不同的脂类对人体免疫系统的作用有所不同。花生四烯酸、DHA、EPA 等多不饱和脂肪酸都具有一定的调节免疫作用。

（1）脂肪酸 食品脂肪酸含量和饱和程度可以改变细胞膜结构从而影响免疫细胞活性。脂肪酸缺乏会导致免疫器官萎缩，免疫功能降低。饱和脂肪酸会抑制抗体对抗原的识别和结合，从而引起炎症。不饱和脂肪酸能够增加淋巴细胞数量，增强淋巴细胞活性，提高辅助性 T 细胞和抑制性 T 细胞的比值，具有抗炎作用。一些短链脂肪酸如乙酸、丙酸和丁酸能够调节细胞因子的合成，抑制 T 细胞增殖。

（2）磷脂 是细胞膜的基本组成成分，缺乏会引起免疫细胞自身稳定性的下降。

（3）胆固醇 是一种免疫调节剂，适量胆固醇及高密度脂蛋白胆固醇具有重要的免疫调节作用，过量则会影响淋巴细胞的功能性，造成人体免疫力下降。

3. 蛋白质和氨基酸 蛋白质和氨基酸是免疫器官、免疫细胞和免疫分子的组成成分。乳铁蛋白能够调节抗体分泌，激活补体，蛋白质消化水解产生的一些活性肽如大豆蛋白、螺旋藻蛋白等能够促进免疫功能，一些氨基酸能够提高机体免疫力。

（1）谷氨酰胺 是研究最广泛的氨基酸，通过影响肠道相关淋巴组织而影响黏膜免疫。能为免疫细胞提供能量，如果缺少，免疫细胞将不能发挥作用。

（2）精氨酸 属碱性氨基酸，肉类和坚果中含量丰富，能促进胸腺生产 T 细胞，缺乏可能会导致 T 细胞功能障碍。

（3）色氨酸 广泛参与蛋白质和核酸合成，维持免疫细胞活化和增殖所必需的氨基酸。

4. 维生素 缺乏维生素会导致机体免疫力降低。

（1）维生素 A 是免疫系统必需的维生素，能增强皮肤和黏膜免疫，促进抗体合成，缺乏时，细胞免疫功能降低，抗体合成量明显降低。

（2）维生素 C 是免疫系统必需的维生素，能促进白细胞吞噬、淋巴细胞增殖、抗体和干扰素合成。

（3）B 族维生素 抗氧化维生素可保护免疫细胞免受自由基活性氧（ROS）、活性氮（RNS）氧化攻击造成的细胞损伤。

（4）维生素 D 是一种新的神经内分泌 – 免疫调节剂，能促进巨噬细胞成熟，诱导肿瘤细胞凋亡。即使轻微缺乏也足以损伤正常的免疫功能，但这种损伤暂时且可逆，及时补充维生素 D 可使机体恢复正常。

（5）维生素 E 是一种免疫调节剂，能刺激免疫器官发育，增加胸腺重量，促进杀伤细胞和 B 细胞增殖，提高淋巴细胞活性。

5. 微量元素 机体缺乏微量元素锌、铁、硒、铜、钙等会影响免疫系统，降低对疾病的抵抗力。

（1）铁 是一种免疫调节剂，能促进干扰素、肿瘤坏死因子等免疫分子的合成和分泌，提高 T 细胞活性，影响机体免疫器官、免疫细胞的发育，缺乏时，会造成胸腺萎缩，T 细胞、巨噬细胞等免疫细胞功能异常，B 细胞数量减少，抗体数量和抗体亚类减少等。

（2）锌 是胸腺蛋白的重要辅助因子，胸腺蛋白存在于胸腺中，在 T 细胞发育和成熟过程中起关键作用。锌的过量和缺乏都会对免疫系统产生不利影响。过量时，会抑制免疫系统，缺乏时，胸腺变小，免疫细胞数量减少、活性降低，抗体数量减少。

（3）硒 几乎存在于所有免疫细胞之中，能增强免疫系统调节能力，强大的抗氧化作用可以保护免疫细胞免受 ROS、RNS 氧化攻击造成的免疫细胞损伤，与病毒感染有直接关系。

（4）其他微量元素 铜缺乏会抑制免疫细胞活性，铬能保证免疫细胞的细胞膜正常运转，钙是补体激活剂，锰和钙参与淋巴细胞的激活。

6. 核苷酸 是免疫系统的组成成分，机体自身合成的核苷酸相对不足，需要补充外源核苷酸，促进免疫细胞成熟和增殖，维持免疫细胞功能，缺乏时会损害免疫系统，补充核苷酸可增强 T 细胞活性，改善过敏，提高免疫系统对疫苗的反应速度。

（二）增强免疫的功能食品

1. 水果 水果能够刺激免疫和免疫调节等功能。如，刺梨可以显著提高小鼠 NK 细胞活性，促进淋巴细胞增殖，增强非特异性免疫和体液免疫；无花果含有多种氨基酸和维生素，硒含量高，能够刺激免疫系统；蔓越莓具有抗真菌和抗病毒作用。

2. 蔬菜 许多蔬菜具有抗癌等免疫调节功能。如，苦瓜可以抑制癌细胞，提高免疫系统的防御功能，增强免疫细胞活性；芦笋可以抑制癌细胞，改变淋巴亚群比例，增强免疫细胞活性；卷心菜、花椰菜、甘蓝菜等可以抑制癌细胞；番茄可以提高儿童免疫力，促进 T 细胞增殖，缓解免疫细胞氧化损伤，增强巨噬细胞、T 细胞活性；洋葱和大蒜可以增强自然杀伤细胞和辅助性 T 细胞的活性，大蒜还能抗真菌、抗病毒、抗癌；茶叶可提高小鼠胸腺和脾脏重量，促进淋巴细胞增殖；多种蘑菇具有免疫调节和抗癌作用。

3. 牛初乳 指母牛在生产后 72 小时内产出的牛乳。初乳中的 IgA、IgG 能够增强人体免疫力，初乳中的高浓度乳铁蛋白具有抗细菌、抗病毒、抗真菌、抗炎和抗氧化作用，初乳中的溶菌酶具有抗菌作用。

4. 抗氧化剂 包括维生素 C、维生素 E 或植物和生物类黄酮等，葡萄籽提取物、辅酶 Q10、银杏叶、虾青素等能通过缓解免疫细胞的氧化作用间接提高免疫力。

5. 益生菌 人体消化道益生菌可以合成维生素等必需物质，益生菌的代谢产物能够抑制致病菌。双歧杆菌、乳酸菌是人类肠道重要益生菌，可以提高 NK 细胞和巨噬细胞活性，代谢产物乳酸能抑制致病菌，促进抗体的合成。

6. 益生元 益生元是一些不能被消化和吸收的食物，可以促进益生菌生长和繁殖。

三、增强免疫功能食品的评价

首先，增强免疫功能食品应参照《食品安全性毒理学评价程序和方法》进行毒理学实验，以普通食品原料和药食两用的原料制造的食品，可以不进行毒理学实验。其次，应参照《保健食品功能性评价程序和检验方法》完成免疫调节评价实验项目，实验项目主要分为动物实验项目和人体试验项目。动物实验项目包括免疫脏器和体重的比值、细胞免疫功能测定、体液免疫功能测定、单核 - 巨噬细胞功能测定、NK 细胞活性测定等；人体试验项目包括细胞免疫功能测定、体液免疫功能测定、非特异性免疫功能测定、NK 细胞活性测定等。

第七节　免疫细胞治疗技术

当前免疫细胞治疗技术的热点，是继传统"手术、化疗、放疗"之后的第四种肿瘤治疗模式，将体外培养的免疫细胞或者生物工程改造过的免疫细胞移植或输入患者体内以替代受损免疫细胞，或者人为地激活免疫细胞来加强机体对特定目标的识别，发挥杀伤肿瘤细胞的作用。主要包括肿瘤浸润淋巴细胞法、细胞因子诱导的杀伤细胞疗法、基于 NK 细胞的免疫疗法、基于 DC 细胞的免疫疗法、CAR - T 细胞疗法。

一、肿瘤浸润淋巴细胞疗法

从肿瘤组织或恶性胸腹水中分离获得具有抗肿瘤活性的 T 细胞，在细胞因子 IL - 2 的作用下大量扩增，再重新回输到患者体内，发挥杀伤肿瘤细胞的作用。治疗效果较好，副作用小，对非自体的其他肿瘤或正常细胞没有杀伤作用。

二、细胞因子诱导的杀伤细胞疗法

从外周血、骨髓或脐带血中分离获得单核细胞，单核细胞在 IL - 1、IL - 2、IFN - α 等多种细胞因子的刺激下被诱导成增殖快、杀肿瘤活性高的 CIK 细胞，重新回输到患者体内，发挥杀伤肿瘤细胞的作用。

三、基于 NK 细胞的免疫疗法

NK 细胞在早期免疫监视中发挥重要作用，是机体抗病毒感染和抗肿瘤的第一道防线，作用迅速，无需抗原激活。NK 细胞除了自身能杀伤肿瘤细胞等靶细胞外，还能通过释放干扰素（IFN）、粒细胞巨噬细胞集落刺激因子（GM - CSF）等细胞因子发挥抗肿瘤作用。

四、基于 DC 的免疫疗法

从骨髓、脐带血和外周血中分离 CD34 阳性造血干细胞或 CD14 阳性单核细胞，在 GM - CSF、IL - 4 等细胞因子的刺激下被诱导成 DC。DC 是目前发现的功能最为强大的专职抗原提呈细胞，抗原提呈是免疫识别和免疫应答的关键步骤。基于 DC 和 CIK 细胞结合应用的 DC - CIK 细胞疗法，不仅能够发挥抗肿瘤作用，还能产生免疫记忆，发挥长期抗肿瘤作用。

五、CAR - T 细胞疗法

CAR - T 细胞疗法又称为嵌合抗原受体 T 细胞疗法，具体过程包括：从患者或供者外周血中分离

PBMC 或 CD3 阳性 T 细胞，在滋养细胞、细胞因子刺激下诱导成 T 细胞；用基因工程方法构建嵌合抗原受体（CAR）重组表达载体，该 CAR 能够识别肿瘤细胞表面抗原并激活 T 细胞；将 CAR 重组表达载体转入 T 细胞，得到能够稳定表达 CAR 的 CAR－T 细胞；通过体外培养，大量扩增 CAR－T 细胞；检测安全性等指标，将 CAR－T 细胞回输到患者体内（图 1－10）。

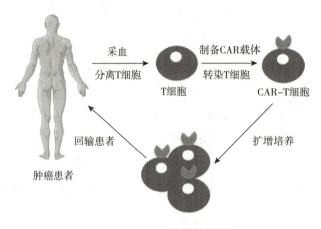

图 1－10   CAR－T 细胞治疗流程图

1. CAR 的基本结构

（1）胞外肿瘤抗原结合区   即单链抗体区，由抗体轻链可变区、重链可变区、连接肽组成。位于 CAR－T 细胞表面，单链抗体和肿瘤表面抗原的亲和力是 CAR－T 细胞活性和疗效的主要影响因素，单链抗体和肿瘤表面抗原的亲和力要比天然 TCR 高出几个数量级，因此肿瘤杀伤效果提升明显。

（2）铰链区   连接胞外抗原结合区和跨膜区的一段肽链，位于 CAR－T 细胞表面，目前 IgG_1 的铰链区最常用，选择合适的铰链区可提高抗原识别区的柔韧性，降低肿瘤表面抗原和 CAR 结合的空间位阻。

（3）跨膜区   连接胞外抗原结合区和胞内信号区的膜蛋白，通常为异源或同源二聚体，如 CD3、CD4、CD8、CD28 等。

（4）胞内信号区   主要由 CD3 的 ζ 链和共刺激分子如 CD28、CD137（4－1－BB）组成，负责信号转导。CD3 的 ζ 链虽然具有信号转导作用，但如果要有效激活 CAR－T 细胞，还需要共刺激分子增强 CD3 的信号转导作用。

2. 四代 CAR－T 细胞

根据 CAR 结构中胞内信号区是否有共刺激分子或不同的共刺激分子，可将 CAR－T 细胞分为三代。第一代 CAR－T 细胞，胞内信号区无共刺激分子；第二代 CAR－T 细胞，胞内信号区有一个共刺激分子，CD28 或 CD137（4－1－BB）；第三代 CAR－T 细胞，胞内信号区有两个共刺激分子，CD28 和 CD137（4－1－BB）；第四代 CAR－T 细胞，在第三代 CAR－T 细胞的结构基础上进行改造，改造后的 CAR－T 细胞可以诱导表达促炎细胞因子 IL－12，招募其他免疫细胞参与肿瘤细胞的清除，同时被招募的免疫细胞可以通过分泌细胞因子来调节肿瘤微环境，解除免疫抑制（图 1－11）。

3. 临床应用

CAR－T 细胞主要治疗慢性 B 细胞白血病、难治性复发急性 B 细胞白血病等血液肿瘤，疗效显著，但常出现细胞因子释放综合征、肿瘤溶解综合征等副作用。

CAR－T 细胞治疗实体瘤疗效不如血液肿瘤显著，主要原因有：第一，血液肿瘤表面有 CD19 特异性肿瘤抗原，可以作为治疗靶点，而实体瘤没有特异性肿瘤抗原；第二，CAR－T 细胞治疗血液肿瘤时，不需要穿越组织障碍，而治疗实体瘤时，CAR－T 细胞需要穿越组织障碍；第三，实体瘤的肿瘤微环境对 CAR－T 细胞的抑制因素比血液肿瘤复杂得多；第四，实体瘤缺乏特异性肿瘤抗原，可能导

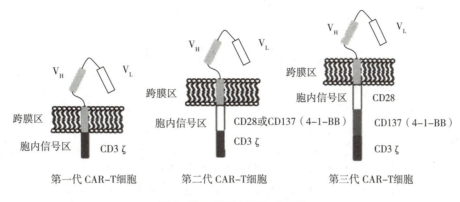

图 1-11 三代 CAR-T 细胞

致正常细胞被 CAR-T 细胞杀伤，引起严重副反应；第五，实体瘤的异质性比血液肿瘤异质性更加突出。

4. 获批上市的 CAR-T 细胞疗法 2017 年 8 月 30 日，FDA 批准全球首款 CAR-T 细胞疗法 CTL019（商品名 Kymriah）上市，CTL019 是第二代 CAR-T 细胞，CAR 的胞内信号区有一个共刺激分子 CD137（4-1-BB），用于治疗儿童和 25 岁以下年轻成人中难治或至少接受二线方案治疗后复发的 B 细胞急性淋巴细胞白血病；2018 年 5 月 3 日，FDA 批准第二个适应证，用于治疗患有复发或难治性大 B 细胞淋巴瘤的成年患者。2017 年 10 月 18 日，FDA 批准第二款 CAR-T 细胞疗法 Yescarta，Yescarta 是第二代 CAR-T 细胞，CAR 的胞内信号区有一个共刺激分子 CD28，用于治疗其他疗法无效或既往至少接受过 2 种方案治疗后复发的特定类型的成人大 B 细胞淋巴瘤患者。

书网融合……

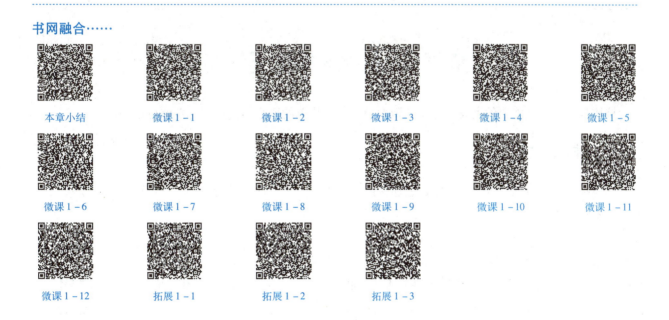

本章小结　　微课 1-1　　微课 1-2　　微课 1-3　　微课 1-4　　微课 1-5

微课 1-6　　微课 1-7　　微课 1-8　　微课 1-9　　微课 1-10　　微课 1-11

微课 1-12　　拓展 1-1　　拓展 1-2　　拓展 1-3

第二章 抗 体

课前思考

1. 破伤风疫苗刺激人体产生的抗体和破伤风针中的免疫球蛋白之间有什么关系？
2. mIg 和 BCR 之间有什么关系？
3. 如何研究抗体各区域功能？
4. 如何根据治疗需求对抗体进行改造，开发出更多的抗体药物？
5. IgG 为何具有超长的半衰期，有何应用？
6. 从抗体结合抗原的角度思考，为什么 IgE 和 IgM 没有铰链区？
7. 在设计"抗体药物"时，需要对抗体的 Fc 段进行改造，改造的目的有哪些？
8. 抗体类别转换后，抗体的哪些结构发生了改变？

第一节 抗体的结构 微课2-1

抗体是生物学功能上的概念，免疫球蛋白是化学结构上的概念，抗体就是免疫球蛋白。

一、抗体结构

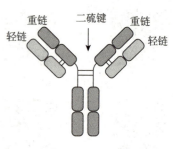

图 2-1 抗体的重链和轻链

抗体结构包括重链、轻链、铰链区、连接链、分泌片、可变区、恒定区、高变区和骨架区等。

1. 重链和轻链 典型的抗体单体由两条重链（H 链）和两条轻链（L 链）通过二硫键连接形成 Y 形结构（图 2-1）。重链分子量为 50～70kDa，轻链分子量为 25kDa。根据重链的不同，将 Ig 分为 5 类，分别是 IgG、IgA、IgM、IgD 和 IgE，对应的重链分别为 γ 链、α 链、μ 链、δ 链和 ε 链（表 2-1）。轻链有两种不同的形式，即 κ 链和 λ 链。

2. 铰链区 富含非极性氨基酸脯氨酸，易发生伸展，抗体双臂间的开口可以变大或变小，便于和抗原上距离不同的抗原决定簇发生结合。铰链区和门上用于控制开合的铰链非常相似，都可以控制开口的大小，因此，形象地称这个区域为铰链区（图 2-2）。5 种免疫球蛋白中，只有 IgG、IgA、IgD 有铰链区，而 IgE 和 IgM 是没有铰链区的。

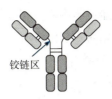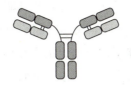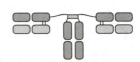

图 2-2 抗体的铰链区

3. 连接链（J链） 五聚体 IgM 和二聚体 IgA 都是由单体连接而成的，而这里发挥连接作用的正是连接链（图 2-3）。

4. 分泌片（SP） 是黏膜上皮细胞合成和分泌的含糖肽链，只存在于二聚体 IgA（sIgA）中，它能保护 sIgA 的铰链区免受外分泌液中的蛋白水解酶降解作用，同时将 sIgA 分泌到黏膜表面，使得 sIgA 顺利到达黏膜表面发挥抗感染作用。由于它在 sIgA 的分泌过程中起到重要作用，因此将其命名为分泌片（图 2-3b）。

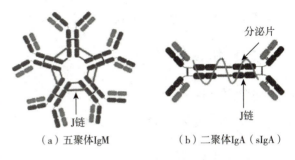

（a）五聚体IgM （b）二聚体IgA（sIgA）

图 2-3 抗体的连接链（J链）和分泌片

5. 可变区和恒定区 抗体分子中，位于 N 端的氨基酸序列变异较大，称为可变区（V 区）；位于 C 端的氨基酸序列变异较小，称为恒定区（C 区）（图 2-4a）。抗体由两条重链（H 链）和两条轻链（L 链）组成（图 2-4b）。重链由重链可变区（VH）和几个重链恒定区（CH）组成，其中 IgG、IgA、IgD 有三个重链恒定区，分别是 CH1、CH2、CH3，IgM 和 IgE 有四个重链恒定区，分别是 CH1、CH2、CH3、CH4，轻链由轻链可变区（VL）和轻链恒定区（CL）组成（图 2-4c）。

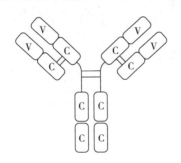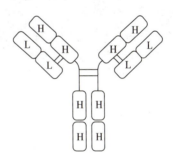

（a）可变区（V区）和恒定区（C区） （b）IgG重链（H链）和轻链（L链）

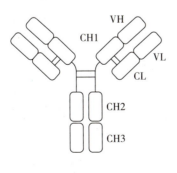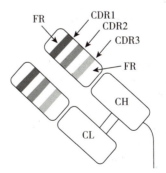

（c）IgG结构域 （d）互补决定区（CDR）和骨架区（FR）

图 2-4 抗体的结构

6. 高变区和骨架区　IgG 重链和轻链的可变区各有 3 个氨基酸残基排列顺序高度可变的区域，称为高变区或互补决定区（CDR），由 CDR1、CDR2 和 CDR3 组成（图 2 - 4d）。其中 CDR1、CDR2 所形成的空间结构变化较少，二者共组成 7 套立体环状结构，而 CDR3 则由 30 种 D 片段、6 种 J 片段及 N 区的重排组合，显示出长度、序列、空间结构的高度可变性，因而成为抗原结合位点的中心，其结构及序列的多样性决定抗体特异性，因此也是抗体多样性的主要来源。重链 CDR 和轻链 CDR 共同组成 IgG 的抗原结合部位，决定着抗体的特异性，负责识别及结合抗原发挥免疫效应。可变区中 CDR 之外的区域称为骨架区（FR），其氨基酸残基组成和排列顺序相对稳定。

二、抗体亚类

根据铰链区的不同，人 IgG 可分为四个亚类，分别是 IgG_1、IgG_2、IgG_3、IgG_4，人 IgA 可分为两个亚类，分别是 IgA_1、IgA_2，IgM、IgD 和 IgE 尚未发现有亚类。

三、水解片段

木瓜蛋白酶可将 IgG 铰链区链间二硫键近 N 端处切断，得到 3 个片段，即两个相同的抗原结合片段（Fab 段）和一个可结晶片段（Fc 段）。Fab 段包括 VL、CL、VH 和 CH1，能与抗原发生结合，Fc 段无抗原结合活性，但能够与效应分子或细胞发生相互作用，发挥相应的生物学功能。胃蛋白酶可将 IgG 铰链区链间二硫键近 C 端处切断，得到 1 个 $F(ab')_2$ 片段和多个小片段 pFc′（图 2 - 5）。$F(ab')_2$ 由 2 个 Fab 段及铰链区组成，也能与抗原发生结合，小片段 pFc′ 最终被降解，无生物学作用。

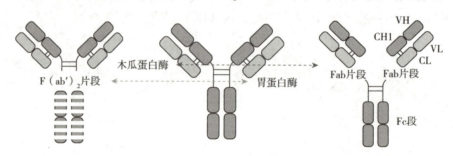

图 2 - 5　抗体的水解片段

四、Fc 段和 Fc 受体

巨噬细胞、自然杀伤细胞、嗜碱性粒细胞和肥大细胞等细胞表面存在 Fc 受体，不同细胞表面的 Fc 受体不同，如 FcγR、FcαR、FcεR 等，不同类型 Fc 受体可再细分，如 FcγR 可分为 FcγR Ⅰ（CD64）、FcγR Ⅱ（CD32）、FcγR Ⅲ（CD16）等。Fc 段能够和 Fc 受体结合，抗体通过 Fc 段和不同细胞结合，发挥不同生物学功能（图 2 - 6）。

五、功能结构域

抗体的功能由其结构域实现，通过结构域分析，发现 VL 和 VH 共同组成了抗原结合位点，如单体 IgG 有 2 个抗原结合位点，二聚体 IgA 有 4 个抗原结合位点，五聚体 IgM 有 10 个抗原结合位点。CL 和 CH1 存在同种异型遗传标记，IgG 的 CH2 是补体结合物区，能够激活补体、介导母体 IgG 穿越胎盘，IgG 的 CH3 是细胞结合区，能够结合巨噬细胞、NK 细胞介导调理作用、ADCC 作用（图 2 - 7）。

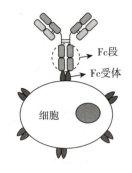

图 2-6　Fc 段和 Fc 受体

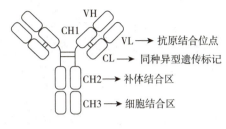

图 2-7　抗体功能结构域

第二节　抗体的功能 微课 2-2

一、V 区的功能

1. 识别和结合抗原　识别和结合抗原是抗体的主要功能，抗体有单体、二聚体和五聚体，V 区的数目也不相同，单体有 2 个 V 区，为 2 价，二聚体 IgA 为 4 价，五聚体 IgM 由于空间位阻的关系，为 5 价。B 细胞膜上的 B 细胞抗原识别受体（BCR）为单体 IgM 和 IgD，由 V 区完成识别和结合特异性抗原的功能（图 2-8）。

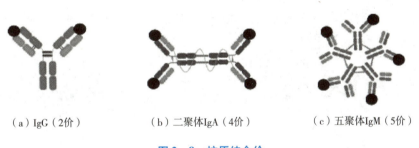

（a）IgG（2价）　　　　（b）二聚体IgA（4价）　　　　（c）五聚体IgM（5价）

图 2-8　抗原结合价

2. 中和作用　在体内，抗体通过 V 区结合病毒、细菌等病原微生物及其产物毒素等，发挥阻断病原微生物入侵、中和毒素等免疫防御功能（图 2-9）。

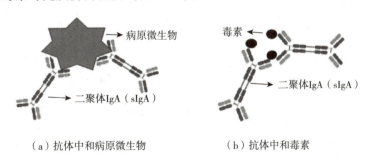

（a）抗体中和病原微生物　　　　（b）抗体中和毒素

图 2-9　抗体的中和作用

二、C 区的功能

抗体的 C 区分别和补体、自然杀伤细胞、巨噬细胞、胎盘滋养层细胞、黏膜上皮细胞共同介导不同的生物学功能。

1. CDC 效应　又叫补体依赖的细胞毒作用。IgG 和五聚体 IgM 的 C 区能够激活补体发挥溶解细胞的作用（图 2 – 10a）。

2. ADCP 效应　又叫抗体依赖的细胞吞噬作用，也叫调理作用。由 IgG 的 V 区结合靶细胞，C 区（Fc 段）结合巨噬细胞、中性粒细胞等吞噬细胞表面的 Fc 受体，将靶细胞和吞噬细胞连接起来，促进吞噬细胞对靶细胞的吞噬作用（图 2 – 10b）。

3. ADCC 效应　又叫抗体依赖的细胞毒作用，NK 细胞是介导 ADCC 的主要细胞。由 IgG 的 V 区连接靶细胞，C 区（Fc 段）结合 NK 细胞表面的 Fc 受体，将靶细胞和 NK 细胞连接起来，刺激 NK 细胞发挥杀伤作用。NK 细胞的杀伤作用是非特异性的，而抗体和靶细胞的结合是特异性的，抗体和 NK 细胞的结合可实现特异性杀伤（图 2 – 10c）。

4. 穿越胎盘　IgG 的 C 区（Fc 段）通过结合胎盘滋养层细胞表面的 Fc 受体，实现从胎盘母体一侧穿越到胎盘胎儿一侧，帮助新生儿抗感染。

5. 穿越黏膜　二聚体 IgA 的 C 区（Fc 段）通过结合黏膜上皮细胞表面的 Fc 受体，实现穿越黏膜，分泌至黏膜表面，发挥抗感染作用。

6. 结合 Protein A　Protein A 又叫葡萄球菌 A 蛋白（SPA），抗体的 C 区（Fc 段）能够和 Protein A 发生非特异性结合，可以利用 Protein A 实现抗体纯化，即 Protein A 亲和层析。

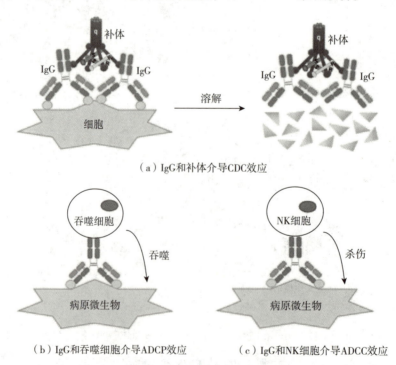

（a）IgG 和补体介导 CDC 效应

（b）IgG 和吞噬细胞介导 ADCP 效应　　（c）IgG 和 NK 细胞介导 ADCC 效应

图 2 – 10　抗体 C 区的功能

第三节　天然免疫球蛋白 📱微课 2-3

一、5 种天然免疫球蛋白

5 种天然免疫碱蛋白特点见表 2-1。

表 2-1　5 种天然免疫球蛋白

特点	IgG	IgM	IgA	IgD	IgE
结构图					
重链	γ 链	μ 链	α 链	δ 链	ε 链
血清免疫球蛋白占比（%）	75~85	5~10	10~15	0.3	0.02
存在形式	血清（单体）和胞外液（单体）	B 细胞膜表面（单体）、血清（五聚体）	血清（单体）、外分泌液（二聚体，sIgA）	B 细胞膜表面（单体）、血清（单体）	呼吸道、胃肠道等黏膜（单体）
特殊结构	-	五聚体（连接链）	二聚体（连接链、分泌片）	-	-
亚类	人（IgG_1、$IIgG_2$、IgG_3、IgG_4），小鼠（IgG_1、IgG_2a、IgG_2b、IgG_3），大鼠（IgG_1、IgG_2a、IgG_2b、IgG_2c）	-	IgA_1、IgA_2	-	-
产生时间	出生后 3 个月	胚胎后期	出生后 4~6 个月	任何时间	较晚
半衰期	约 23 天	约 10 天	约 6 天	约 3 天	约 2.5 天
结合抗原价	2	2、5	2、4	2	2
生物学作用	抗感染"主力军"、全身抗感染、新生儿抗感染	膜 IgM：识别并结合抗原；血清五聚体 IgM：抗感染"先头部队"，早期感染诊断标志	血清 IgA：抗感染；外分泌液 sIgA：黏膜抗感染、新生儿抗感染	血清 IgD：抗感染；膜 IgD：识别并结合抗原	抗寄生虫
超敏反应	Ⅱ、Ⅲ型	Ⅱ、Ⅲ型	-	-	Ⅰ型
其他	自身抗体；Rh 血型抗体	ABO 血型抗体；未成熟 B 细胞只表达膜 IgM	-	成熟 B 细胞同时表达膜 IgM 和 IgD	-

二、4 种 IgG 亚型

4 种 IgG 亚型见表 2-2。

表 2 - 2 4 种 IgG 亚型

	IgG$_1$	IgG$_2$	IgG$_3$	IgG$_4$
血浆含量（%）	60~70	20~30	5~8	1~4
血浆半衰期	23 天	23 天	8 天	23 天
激活补体	能	能	能（最强）	基本不能
结合细胞	能（强）	能（弱）	能（强）	能
ADCC 活性	强	弱	强	弱
通过胎盘	能	不能	能	能
结合 protein A	能	能	基本不能	能

三、IgG 超长半衰期的机制和应用

1. 机制　IgG 超长半衰期源于 Fc 受体介导的再循环机制。IgG 的 Fc 段能够与 Fc 受体结合，并呈现氢离子浓度指数（pH）依赖性。当 IgG 进入细胞，在细胞内 pH 6.0~6.5 的酸性条件下，可以和 Fc 受体结合，从而逃避细胞内溶酶体降解；在胞外 pH 7.4 的中性条件下，IgG 的 Fc 段和 Fc 受体分离，再次进入循环。

2. 应用　Fc 融合蛋白通过 Fc 段增加了融合蛋白相对分子质量，可避免被肾小球滤过；通过 Fc 段和 Fc 受体结合，从而逃避细胞内溶酶体降解；通过 Fc 段和鼻、肺细胞上的 Fc 受体结合，可穿越黏膜上皮发挥生物学功能，实现滴鼻、肺部吸入等无创给药方式；通过 Fc 段与免疫细胞表面的 Fc 受体结合，发挥穿过胎盘和黏膜、ADCP 作用、ADCC 作用、CDC 作用等多种生物学功能；通过 Fc 段实现免疫调节。

第四节　抗体的多样性和产生

一、抗体的多样性

抗体多样性主要来源于 V、D、J 基因重排导致的抗体多样性、连接造成的多样性和体细胞高频突变造成的多样性。

1. V、D、J 基因重排导致的抗体多样性　人抗体 H 链基因位于第 14 号染色体长臂，由编码可变区的 V 基因片段、D 基因片段和 J 基因片段以及编码恒定区的 C 基因片段组成。人抗体 L 链基因分为 κ 链基因和 λ 链基因，分别定位于第 2 号染色体长臂和第 22 号染色体短臂。轻链 V 区基因只有 V、J 基因片段。V、D、J 基因均以多拷贝的形式存在，其中重链 V、D、J 基因片段数分别为 40 个、25 个、6 个（图 2 - 11a）；κ 链 V 和 J 基因片段数分别为 40 个和 5 个（图 2 - 11b）；λ 链 V 和 J 基因片段数分别为 30 个和 4 个（图 2 - 11c）；重链恒定区 C 基因片段有 9 个。

重链可变区基因是由 V、D、J 三种基因片段重排后形成的，轻链可变区基因是由 V、J 两种基因片段重排后形成的。在重链基因重排开始时，在重组酶的作用下，两条染色体上都发生 D 基因片段移位到 J 基因片段而发生 D - J 基因连接。此后，其中一条染色体上的 V 基因片段与 D - J 基因片段连接，通过基因重排形成重链抗体可变区基因，轻链则由 V - J 基因片段连接。轻、重链可变区基因分别与恒定区的 C 基因连接，编码产生完整的轻、重链，进一步加工、组装成有功能的抗体。

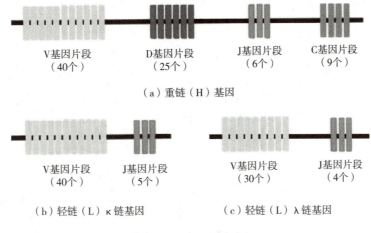

V基因片段
（40个）　D基因片段
（25个）　J基因片段
（6个）　C基因片段
（9个）

（a）重链（H）基因

V基因片段
（40个）　J基因片段
（5个）

（b）轻链（L）κ链基因

V基因片段
（30个）　J基因片段
（4个）

（c）轻链（L）λ链基因

图2-11　抗体基因片段

2. 连接造成的多样性　抗体各基因片段之间的连接往往并不准确，片段连接时有核苷酸插入、替换或缺失的情况发生，从而产生多种不同的氨基酸序列，显著增加抗体的多样性。

3. 体细胞高频突变造成的多样性　体细胞高频突变是指完成 V、D、J 基因重排的成熟 B 细胞在抗原刺激后，在外周淋巴器官生发中心发生高频突变，主要是点突变，常发生在 V 区的 CDR 区，不仅能增加抗体的多样性，而且可导致抗体的亲和力成熟。

二、抗体的产生

1. 抗体产生的一般规律　抗原第一次进入机体，需经历较长的潜伏期（5～10 天）才能产生抗体，产生的抗体主要以五聚体 IgM 为主，数量少、亲和力低、维持时间短，被称为初次免疫应答；五聚体 IgM 自身抗原结合位点较多，在一定程度上弥补了亲和力低的不足。当相同抗原再次进入机体，由于记忆细胞的存在，只要经历很短的潜伏期（2～5 天）就能产生抗体，产生的抗体以 IgG 为主，数量多、亲和力高、维持时间久，被称为再次免疫应答（表2-3）。

表2-3　初次免疫应答和再次免疫应答

特点	初次免疫应答	再次免疫应答
潜伏期	5～10 天	2～5 天
抗体类型	以五聚体 IgM 为主	以 IgG 为主
抗体数量	少	多
抗体亲和力	低	高
抗体维持时间	短	长

2. 抗体的合成　首先，浆细胞中控制抗体合成的基因通过转录产生 mRNA，mRNA 转移至粗面内质网，分别在大、小两种核糖体上合成 H 链和 L 链，并完成抗体四肽链结构的装配，完成装配的抗体转移至滑面内质网，再进入高尔基体经过糖基化修饰，形成完整的抗体，随后由高尔基体向细胞膜转运，最后分泌到细胞外成为游离的抗体。

3. 抗体的类别转换　B 细胞增殖、分化形成的最初几代浆细胞仅能合成 IgM 抗体，若有足够抗原存在，B 细胞继续增殖、分化，后面几代浆细胞通过类别转换，可以合成 IgG、IgA、IgD 和 IgE 抗体（图2-12）。经过类别转换后，抗体类型虽发生了变化，但不同类型的抗体能识别和结合的抗原未发生改变。不同细胞因子可以调控抗体的类别转换，如 IL-4 刺激 IgG_1 生成，IFN-γ 抑制 IgG_1、IgG_3 生成，

IL-10 刺激 IgG_1 和 IgG_3 生成等。

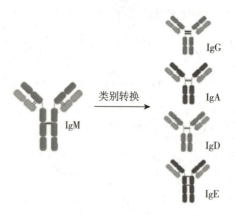

图 2-12 抗体的类别转换

4. 抗体合成的调控 抗体合成受多种因素调控，是一个非常复杂的过程。抗原启动抗体的合成，细胞因子、神经内分泌系统能够调节抗体的合成，树突状细胞（DC）启动和调控抗体的合成，抗体的反馈调节、免疫耐受、基因调控、抗抗体的调节等均调控抗体的合成。

第五节　人工抗体

一、多克隆抗体和单克隆抗体 📱 微课 2-4

1. 概念 一般的抗原分子大多含有多个不同的抗原决定簇，可刺激产生多种针对不同抗原决定簇的抗体，这些由不同 B 细胞克隆产生的抗体，称为多克隆抗体（pAb），实为多种抗体的混合物。单克隆抗体（mAb）只针对一种抗原决定簇，实为一种抗体的纯化物，按照制备工艺可分为鼠单克隆抗体和基因工程抗体（表 2-4）。

2. 制备工艺 多克隆抗体的制备工艺简单，通过将抗原注射到兔、羊、鼠等动物体内，经多次免疫，其血液中就会产生大量多克隆抗体。单克隆抗体的制备工艺较为复杂（见第四章）。

表 2-4　多克隆抗体和单克隆抗体的区别

特点	多克隆抗体	单克隆抗体
所含抗体种类	含多种抗体	只含一种抗体
反应性	较好	较差
特异性	较差	较好
理化性状	存在一定批间差	批间一致性出色
制备工艺	工艺简单，不易大量制备	工艺复杂，易大量制备

二、人工抗体的分离和纯化

制备的人工抗体通过分离和纯化获得纯度较高的抗体是抗体应用必不可少的程序之一。常用方法有盐析法、层析法、电泳法和离心法等，一般需采用多种方法才能够得到纯度较高的抗体，分离纯化过程中要避免抗体变性。

1. 抗体分离 制备抗体，首先要根据材料的不同来源选择合适的分离方法。对于液体材料，可采用过滤、离心等方法；对于固体材料，则采用洗涤、破碎等方法。对于较大的材料，可直接洗涤；对于较小的材料，则采用过滤或离心的方法洗涤。洗涤好的材料，根据大小形状等差异选用不同方法进行破碎。较大的组织器官，先采用机械方法，再采用物理法和生物化学方法使细胞破碎；较小的细菌等材料，则直接采用物理法和生物化学方法使细胞破碎，经过预处理的材料置于合适的溶剂中，使抗体充分释放。溶剂的选择应遵循一个原则，既有利于抗体溶解度的增加，又要保持抗体活性。稀盐溶液和缓冲液对抗体的稳定性好、溶解度大，是提取抗体最常用的溶剂，应注意溶液离子强度、pH、温度、蛋白酶降解等几个主要影响因素。

2. 抗体纯化 不同来源抗体，根据使用目的的不同，纯化过程和要求也会有所不同。抗体的纯化方法多种多样，主要是利用性质的差异，如溶解性、分子量、疏水性、电荷和亲和性等。纯化的方法主要有盐析法、有机溶剂沉淀法、等电点沉淀法、凝胶层析、离子交换层析、疏水层析和亲和层析等，最常用和最有效的方法是蛋白 A（Protein A）或蛋白 G（Protein G）亲和层析法，该法基于抗体 Fc 段能够和 Protein A 或 Protein G 结合的特性。

三、人工抗体的鉴定

1. 抗体亚类鉴定 根据抗体 H 链不同可分为五类，即 IgM、IgG、IgA、IgD 和 IgE。同一类抗体由于铰链区的差异，又可分为不同的亚类。如，人 IgG 有 4 个亚类，即 IgG_1、IgG_2、IgG_3 和 IgG_4，人 IgA 有两个亚类，即 IgA_1 和 IgA_2，目前尚未发现 IgM、IgD 和 IgE 的亚类。不同类和亚类的理化性质、血清学反应均不相同。亚类鉴定需要用标准抗亚类血清系统，采用双向免疫扩散法或 ELISA 抗体夹心法来确定。双向免疫扩散法简便、准确，最常用。通常用于杂交瘤细胞培养上清液的检测，检测前需要浓缩 $10 \sim 20$ 倍。ELISA 法不需要浓缩样品，比免疫扩散法能够更快得到结果。

2. 抗体结合性能检测 抗体结合性能是指抗体和抗原相互结合的能力，可分为定性的结合特异性和定量的结合亲和力。抗体存在着和特定抗原反应以及和其他抗原交叉反应的问题。另外，对于同一抗原，机体可能产生不同结合强度的抗体，因此，抗体还存在着结合亲和力问题。

（1）抗体特异性检测 抗体特异性检测是指检测抗体与不同抗原结合的能力，特定抗体和特定抗原能够互补结合，当其他抗原与该特定抗原类似时，也能与该特定抗体发生类似的结合，即交叉反应。抗体特异性检测方案有 2 种，第一种是证明特定抗体和其他抗原没有交叉反应，第二种是证明特定抗体和特定抗原的结合反应中，其他类似抗原对这种结合反应无干扰作用。

目前抗体特异性检测除了常用的双向免疫扩散法、ELISA 法外，还有放射免疫测定法、免疫荧光测定法等免疫标记技术以及表面等离子体共振、石英晶体微天平等新方法。双向免疫扩散法较简单、快速，不需特殊的设备和溶液，定性结果直观可见，但灵敏度不够，不能做定量分析。ELISA 法是应用于临床和实验最普遍的成熟技术，在成本、速度、重复性和适用范围等方面均有较好的优势，目前常采用间接法、竞争法和双抗体夹心法；间接法测定抗体的一个较大影响因素是包被抗原的纯度；一般不采用竞争法，只有在抗原杂质难以去除或抗原结合特异性不稳定时，方可采用。

（2）抗体稳定性检测 抗体稳定性检测与一般蛋白稳定性检测在原理和检测方法上基本一致，包括对温度、pH、反复冻融、化学试剂、长期储存以及其他恶劣条件的抵抗性。

（3）抗体亲和力检测 抗原抗体反应的亲和力体现了抗原和抗体的结合能力，亲和力的高低是由抗原大小、抗体上的抗原结合位点与抗原上的抗原决定簇之间的契合度决定的。亲和力常以亲和常数 K 表示，单位是 L/mol，K 的范围通常在 $10^8 \sim 10^{10}$ L/mol。

抗原抗体结合反应可表示为：$Ag + Ab \rightleftharpoons AgAb$

式中，Ag 代表游离抗原，Ab 代表游离抗体，AgAb 代表抗原－抗体复合物，上式代表结合反应的动态平衡状态，可用方程表示：$Kd = [Ag][Ab]/[AgAb]$，$Ka = [AgAb]/([Ag][Ab])$。

[Ag]、[Ab] 和 [AgAb] 分别代表游离抗原、游离抗体和抗原－抗体复合物的浓度，单位为 mol/L；Ka 代表抗原抗体反应的结合常数，单位是 L/mol，Kd 代表抗原抗体反应的解离常数，单位是 mol/L，结合常数与解离常数互为倒数。抗原抗体反应的亲和力可以同时用结合常数和解离常数表示，这两个常数分别代表了结合能力和解离能力的大小。

此外，抗原抗体反应速度的快慢也是表征亲和力的重要指标。通常可以用单位时间内形成或解离的抗原－抗体复合物的浓度来表达，即结合速度常数和解离速度常数，Kass 代表结合速度常数，单位是 L/(mol · s)，Kdiss 代表解离速度常数，单位是 s^{-1}，可用方程表示：$Kass = [AgAb]/([Ag][Ab])$，$Kdiss = [Ag][Ab]/[AgAb]$。

常用的抗体亲和力检测方法有 Scatchard 分析法、ELISA 竞争法、硫氰酸盐洗脱法和高效液相色谱法等。Scatchard 分析法最为基础，目前仍具有普遍应用价值；ELISA 竞争法在实际测试中较为实用；硫氰酸盐洗脱法只能测定相对亲和力，不能计算真正的亲和力值，因为硫氰酸盐会使抗原－抗体复合物的解离变得不可逆；高效液相色谱法测定亲和力是利用抗原、抗体和抗原－抗体复合物分子量的差异，得到抗原、抗体和抗原－抗体复合物的三个色谱峰，峰面积可代表相应物质的量，将抗原和抗体按不同比例反应，可得到不同的峰面积组合，由此可计算亲和力。

3. 抗原表位分析　抗原表位决定了抗原特异性。抗原表位分析就是为了找出抗原表面与抗体直接结合的结构或决定其抗原性的序列位点，对疾病诊断、免疫原性降低、疫苗开发等都具有重要意义。一般先进行抗原表位预测，再进行更加全面的抗原表位分析。

（1）抗原表位预测　在已知抗原氨基酸序列的情况下，利用生物信息学对氨基酸序列进行比对与分析，预测可能的抗原表位。抗原表位预测方法主要有二级结构预测方案、抗原性方案、亲水性方案、可塑性方案、可及性方案和电荷分布方案等，但每种方案的预测准确率并不高。综合运用上述多种方案，分析多种参数可提高预测准确率。

（2）抗原表位分析　抗原表位分析方法有化学"切割"法、酶水解法、建立肽库法、Ag－Fab 复合物的 X 射线衍射和核磁共振（NMR）分析法、肽扫描法等。化学"切割"法、建立肽库法和肽扫描法只能确定抗原的线性表位，酶水解法、Ag－Fab 复合物的 X 射线衍射和 NMR 分析法可确定线性表位和构象表位。

四、人工抗体的应用

1. 诊断和检测　根据抗原抗体特异性结合的原理，可利用人工制备的抗体检测目标抗原，目前人工抗体已广泛应用于疾病诊断、药物检测、食品检测和科学研究，并由此开发了众多商品化试剂盒。

（1）疾病诊断　如，通过检测免疫球蛋白、细胞因子、补体成分、HIV 蛋白诊断免疫缺陷病；通过检测病毒、细菌、寄生虫抗原和非特异性感染标志物诊断感染性疾病；通过检测白血病免疫学分型诊断白血病；通过检测肿瘤抗原和蛋白类、糖脂类、酶类、激素类肿瘤标志物诊断肿瘤。

（2）药物检测　如，戒毒所等部门对相关人员进行吗啡检测；疫苗、抗体等生产企业需要检测药物的牛血清白蛋白（BSA）残留、宿主蛋白残留等。

（3）食品检测　可用于病原微生物、生物毒素、农药残留、兽药残留、食品添加剂、重金属等检测，如瘦肉精、恩诺沙星、磺胺类药物、喹诺酮类、苯并咪唑类、性激素类、铅、玉米赤霉烯酮、蚍虫啉、肉毒毒素 A 和 B、真菌毒素、氯霉素类、铬变素、麦草菌、邻苯二甲酸二丙酯等。

2. 疾病治疗 抗体药物已成为生物医药发展的一个重要领域，已有许多不同类型的抗体药物被陆续研发出来，在疾病的治疗中将发挥巨大作用，具有广阔的应用前景。1994 年第一个嵌合抗体阿昔单抗批准上市。其他的嵌合抗体药物有抗 CD20 的利妥昔单抗和抗表皮生长因子受体的西妥昔单抗。

3. 抗原纯化 利用抗原抗体特异性结合和可逆性结合的原理，将人工抗体固定到柱子上作为固定相进行亲和层析，可用于纯化目的抗原。包含目的抗原的复杂组分，加载到具有适宜的缓冲体系和 pH 的层析柱上，使目的抗原结合抗体，而其他组分直接流穿，然后目的抗原可以从层析柱上洗脱下来，洗脱方法根据目的抗原和抗体相互作用的性质而定。

书网融合……

本章小结　　　　微课 2 – 1　　　　微课 2 – 2　　　　微课 2 – 3　　　　微课 2 – 4

第三章　抗体药物

学习目标

1. 掌握　多克隆抗体药物，单克隆抗体药物，小分子抗体药物，抗体融合蛋白药物，双特异性抗体，抗体偶联药物。

2. 熟悉　抗体药物的开发及质量控制。

3. 了解　抗体药物的发现。

课前思考

1. 抗体药物有哪些种类？其特点是什么？
2. 抗体药物是如何发现的？
3. 抗体药物是如何开发的？
4. 抗体药物在制备过程中都需要控制哪些质量属性？

第一节　抗体药物的概述 🅔 微课

抗体药物是生物药中增长最快的领域。目前，获 FDA 批准上市的抗体药物已超 120 个，超 80 种抗体药物获国家药品监督管理局（NMPA）批准进口，国内自主研发并成功上市的国产抗体药物近 10 种。随着更多抗体药物的成功上市，适应证覆盖面也在进一步扩大，涵盖肿瘤、炎症、自身免疫疾病、器官移植排斥、病毒感染等多种疾病。

一、抗体药物的分类

抗体药物按照结构可分为 5 类：①抗体，包括多克隆抗体药物和单克隆抗体药物，单克隆抗体药物根据其人源化的程度，又可分为鼠源性抗体药物、人鼠嵌合抗体药物、人源化抗体药物和全人源抗体药物；②小分子抗体，也称片段抗体药物，包括单价小分子抗体、纳米抗体、多价小分子抗体等；③抗体融合蛋白，由抗体片段和活性蛋白两个部分构成；④双特异性抗体；⑤抗体偶联药物。

二、多克隆抗体药物

1. 抗血清　用细菌、病毒或细菌类毒素等特定抗原免疫动物获得的血浆制剂，能够特异性地与相应细菌、病毒或毒素结合，用于疾病预防和治疗，如抗狂犬病血清等。

2. 抗毒素　用细菌外毒素或类毒素免疫动物获得的抗血清，能够特异性地与相应细菌的毒素结合，用于疾病预防和治疗，如抗白喉抗毒素、抗破伤风抗毒素、抗蛇毒抗毒素等。

三、单克隆抗体药物

单克隆抗体药物历经鼠源性单克隆抗体药物，人鼠嵌合单克隆抗体药物，人源化单克隆抗体药物，全人源单克隆抗体药物四个发展阶段（表 3 - 1）。

表 3 - 1　4 代单克隆抗体药物

特点	鼠源性单抗	人鼠嵌合单抗	人源化单抗	全人源单抗
中文通用名后缀	- 莫单抗	- 昔单抗	- 株单抗	- 木单抗
英文通用名后缀	- momab	- ximab	- zumab	- mumab
技术	杂交瘤技术	DNA 重组技术	DNA 重组技术	噬菌体抗体库展示技术和转基因小鼠技术等
首个药物获批时间	1986	1994	1997	2002
人源成分（%）	0	60 ~ 70	90 ~ 95	100

（一）鼠源性单克隆抗体药物

1975 年，Kohler 和 Milstein 将小鼠骨髓瘤细胞和小鼠脾细胞在体外进行融合，结果发现形成的杂交细胞既能在体外培养条件下无限增殖又能分泌抗体，这种杂交细胞被称为杂交瘤细胞，既具有骨髓瘤细胞大量无限增殖的能力，又具有合成和分泌抗体的能力。

鼠源性单克隆抗体曾被开发成药物应用于临床，但随后临床出现的问题却令人失望，曾一度使抗体药物的研发跌入低谷，主要是鼠源性单克隆抗体全部为鼠源氨基酸序列，进入人体后会被免疫系统认定为外源性蛋白，从而产生人抗鼠抗体反应（HAMA 反应），人体免疫系统产生的人抗鼠抗体不仅会中和鼠源性单克隆抗体，缩短药物半衰期，影响药效，更会引发免疫反应，轻则出现红疹、风团，重则导致休克，甚至威胁生命。

目前，FDA 共批准 3 个鼠源性单克隆抗体药物，1986 年批准的首个治疗性抗体莫罗单抗（抗 CD3 鼠源性单克隆抗体，Orthoclone OKT3）目前已经退市，另外两个分别为 Britumomab tiuxetan 和 Bexxar，二者均有放射性物标记。

（二）人源化改造的单克隆抗体药物

由于鼠源抗体在人体内反复应用会引起 HAMA 反应，因此将鼠源抗体进行人源化改造是减轻，甚至避免排异反应的一种发展之路，也是从鼠源抗体到全人源抗体的发展之路。人源化改造主要经历了三代：第一代，人鼠嵌合单克隆抗体，保留了鼠单克隆抗体的可变区，将恒定区替换成人抗体成分；第二代，人源化单克隆抗体，又称为 CDR 移植抗体，仅保留了鼠单克隆抗体可变区的 CDR，其余部分全部替换成人抗体成分，人源化达 90%；第三代，全人源化单克隆抗体，人源化达 100%，是抗体人源化的最理想方式（图 3 - 1）。

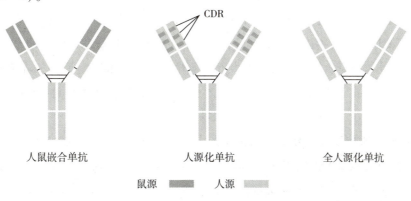

图 3 - 1　三代人源化改造的单克隆抗体

1. 人鼠嵌合单克隆抗体药物　鼠源性单克隆抗体的恒定区是导致人抗鼠抗体产生的主要原因，因此用人源抗体的恒定区来代替鼠源抗体的恒定区是抗体人源化的第一步，通过 DNA 重组技术，由此产生了人 - 鼠嵌合单克隆抗体，主要有 3 种应用形式，分别是嵌合 IgG、嵌合 Fab 和嵌合 F(ab′)$_2$（图 3 - 2）。

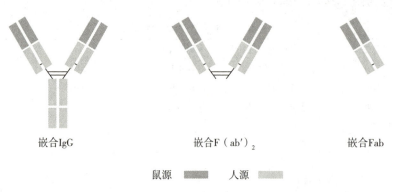

嵌合 IgG　　　　　　嵌合 F(ab′)$_2$　　　　　　嵌合 Fab

鼠源 ▇▇▇　　人源 ▇▇▇

图 3 - 2　人鼠嵌合单克隆抗体的 3 种形式

（1）嵌合 IgG　目前嵌合抗体是研究主要方向，其构建的基本原理是：从生产目的抗体的杂交瘤细胞中得到目的抗体的 V 区基因，再与人的恒定区基因进行重组，然后克隆到表达载体中，最后转入宿主细胞进行表达。在构建嵌合抗体时应根据不同目的选择不同的恒定区基因。这是因为不同的恒定区基因表达产生的恒定区片段能引发的免疫学效应各有不同。例如，IgE 的恒定区片段可介导炎症反应，IgM 恒定区片段活化补体的能力最强，IgG$_1$ 恒定区片段活化补体的能力和触发 ADCC 作用的能力都比 IgG$_3$ 要强得多。

（2）嵌合 Fab 和 F(ab′)$_2$ 抗体　嵌合 Fab 抗体的制备原理是将目的抗体重链和轻链的 V 区基因与人的 κ 链基因和重链的 CH1 基因进行重组，然后克隆到表达载体中，最后转入宿主细胞进行表达。由于嵌合 Fab 抗体中没有 Fc 段，不需要糖基化，因此适合采用大肠埃希菌表达系统大量生产，应尽量避免表达的抗体形成包涵体，可通过将细菌的引导肽基因连接到重组抗体基因的 N 端，可减少包涵体的产生。

1994 年，FDA 批准上市了第一个嵌合 Fab 抗体药物 Abeiximab。该类型抗体由于单价、分子量小，容易被肾小球滤过等原因，临床治疗效果不佳。于是，人们把 Fab 抗体改造成嵌合 F(ab′)$_2$ 抗体，这不仅提高了分子量，而且药代动力学也有所改善，取得了一定的治疗效果。可采用化学偶联法、重组末端修饰法等方法将嵌合 Fab 抗体连接起来构建形成嵌合 F(ab′)$_2$ 抗体，在构建过程中，要考虑连接方法得率如何、是否会使抗体失去活性、新的基团引入是否会使抗体具有潜在的免疫原性。

1997 年 FDA 批准了第一个用于肿瘤治疗的基因工程抗体美罗华（Rituximab，利妥昔单抗，抗 CD20 单抗），就是由鼠可变区和人恒定区组成的人鼠嵌合抗体。美罗华是全球最畅销的单抗类药物之一，获批的适应证有：滤泡性非霍奇金淋巴瘤、弥漫大 B 细胞性非霍奇金淋巴瘤等。安瑞昔（Zuberitamab，泽贝妥单抗）是国内首个获批上市的国产抗 CD20 抗体 I 类新药，相比美罗华则具有更强的 ADCC 效应以及更优的临床效果。

2. 人源化单克隆抗体药物（CDR 移植抗体）　尽管人鼠嵌合单克隆抗体的恒定区是人源化的，但可变区的鼠源成分在一定程度上仍能诱发 HAMA，因此还需进一步对抗体的可变区进行人源化改造，通过 DNA 重组技术，由此产生了人源化单克隆抗体，又称 CDR 移植抗体或改型抗体，除了 3 个 CDR 是鼠源成分外，其余全部是人源成分。抗体可变区由 3 个 CDR 和 FR 组成，每个可变区有 3 个 CDR，即

CDR1、CDR2、CDR3，是抗体直接识别和结合抗原的区域，决定了抗体的特异性。FR 较为保守，是嵌合单克隆抗体诱发 HAMA 的主要原因，因此需要将鼠单克隆抗体的 FR 替换成人源成分，但 FR 不是可以随意替代的，它和抗体的亲和力有关，由此导致人源化单克隆抗体的亲和力总是弱于鼠源性单克隆抗体。

CDR 移植抗体的设计包括供体鼠抗体氨基酸序列的分析、供体抗体可变区结构建模和人 FR 区的选择，其中氨基酸序列分析的目的是确定与抗原结合的氨基酸残基，序列分析的内容一般包括 CDR 区的判定、Canonical 残基的确认、链间堆积力的分析、特殊的 FR 区残基以及潜在的 N–糖基化或 O–糖基化位点；供体抗体 V 区结构建模的目的是寻找与新的可变区的 FR 序列相似的已知可变区结构的抗体；人 FR 区的选择是最关键的一步，FR 区序列的选择应根据研究目的的不同而有所不同。CDR 移植抗体设计好后，接下来就是目的抗体可变区基因的克隆、目的抗体的表达和筛选。

1998 年全球第一个人源化单克隆抗体 Synagis（Palivizumab，帕利珠单抗）被 FDA 批准上市，该药用于防止呼吸道合胞病毒（RSV），同时获批的还有多个人源化单抗品种，包括曲妥珠单抗、奥马珠单抗、贝伐珠单抗、帕博利珠单坑（K 药）等。抗癌症与免疫缺陷性疾病治疗的巨大市场空间促成了单克隆抗体研发的热潮，自此单抗产业进入高速发展期。

3. 全人源单克隆抗体药物　随着抗体技术的发展，全人源单克隆抗体的应用越来越广泛，尤其是在抗肿瘤领域。全人源单克隆抗体的氨基酸序列均由人源抗体基因编码，理论上可达到 100% 人源化，这种抗体在理论上可以消除异源性抗体对人体造成的不良反应。

全人源抗体技术主要有转基因小鼠技术、噬菌体抗体库展示技术、酵母抗体库展示技术、哺乳动物细胞抗体库展示技术、单个 B 细胞克隆技术等，在这些技术中，噬菌体抗体库展示技术和转基因小鼠技术最为常用，已上市全人源单克隆抗体中约 70% 采用的是转基因小鼠技术。

抗体库展示技术简便、快捷，为全人源单克隆抗体的制备开辟了新途径。噬菌体抗体库展示技术是从抗体出发，将 CDR 区进行重新组合后得到抗体库，库容一般在 10^{10} 以上。转基因小鼠技术则是从抗原出发，模拟抗体可变区随机组合、体细胞突变、亲和力成熟等体内抗体产生过程。两种方法各有优劣，噬菌体抗体库展示技术建库相对容易，筛选也相对更快，但由于没有经历体内亲和力成熟过程，筛选得到抗体需要进行后续的亲和力成熟等抗体工程化改造工作，需要较强的抗体工程化平台，转基因小鼠技术经历过体细胞突变、亲和力成熟等过程，后续的抗体工程化改造工作较小，但需要编辑上百个可变区基因，涉及几百万碱基对，并且需要成熟的抗原设计（对某些靶点是较难的），杂交瘤技术本身也需要相对较长的时间。

剑桥抗体技术公司（CAT）开启了噬菌体抗体库展示技术的先河，2002 年上市首个全人源抗体并创造无数神话的药王修美乐（Adalimumab，阿达木单抗），在此之后，相继上市了另外 9 个噬菌体抗体库展示技术的抗体药物。

尽管噬菌体抗体库展示技术开启了全人源单克隆抗体的先河，但真正占据主流的却是更具优势的转基因小鼠技术，因为人体产生抗体的过程包括可变区随机组合、体细胞突变，亲和力成熟等过程，最终可获得多样性和亲和力成熟的抗体。Medarex 公司的 HuMab 小鼠和 Abgenix 公司的 Xeno 小鼠是目前最成功，也是应用最广的转基因小鼠之一。例如诺华的 Canakinumab、葛兰素的 Ofatumumab、强生的 Usteki-numab、百时美施贵宝的 Nivolumab 和 Ipilimumab 等单克隆抗体药物均应用 HuMab 转基因小鼠技术；强生的 Golimumab、安进的 Panitumumab 与 Denosumab 等均应用 Xeno 转基因小鼠技术。

✍ **知识链接**

单克隆抗体药物

1. 阿达木单抗   商品名为修美乐，是由美国雅培制药公司通过噬菌体展示技术和重组技术开发的靶向 TNF - α 的全人源 IgG_1 单克隆抗体，2002 年在美国上市，是类风湿关节炎等自身免疫性疾病的一线用药，使用普遍且适应证广。

（1）TNF - α   是一种具有多种生物活性的细胞因子，在调节自身免疫系统、促进炎症等方面具有重要作用。TNF - α 分为两类，即溶解型 TNF - α 和膜结合型 TNF - α。膜结合型 TNF - α 是溶解型 TNF - α 的前体，需要水解为溶解型 TNF - α。

（2）作用机制   TNF - α 的异常表达和某些自身免疫性疾病有关，研究发现，类风湿关节炎等某些自身免疫性疾病患者体内 TNF - α 显著升高，阿达木单抗通过结合溶解型 TNF - α 和膜结合型 TNF - α，从而阻断 TNF - α 的生物学功能，达到治疗 TNF - α 持续活跃的疾病。

2. 纳武单抗   商品名为欧狄沃（Opdivo），是由美国百时美施贵宝公司开发的 PD - 1 的全人源 IgG4 单克隆抗体，2014 年在日本上市，是全球适应证较多的 PD - 1 抑制剂，2018 年在中国获批上市，适应证为经过系统治疗的非小细胞肺癌。

（1）PD - 1 和 PD - L1   PD - 1 又称程序性死亡因子 - 1 或 CD279，主要在活化 CD4 阳性 T 细胞、CD8 阳性 T 细胞等细胞表面表达；PD - L1 又称程序性死亡因子配体 - 1 或 CD274，是 PD - 1 的配体，能够和 PD - 1 结合，在多种恶性肿瘤表面高表达。生理情况下，PD - 1 和 PD - L1 结合，诱导免疫抑制；病理情况下，肿瘤细胞表面 PD - L1 上调表达，通过结合活化 CD4 阳性 T 细胞、CD8 阳性 T 细胞表面的 PD - 1，抑制效应 T 细胞激活，诱导免疫抑制，实现肿瘤免疫逃逸。

（2）作用机制   通过和活化 CD4 阳性 T 细胞、CD8 阳性 T 细胞表面的 PD - 1 结合，阻断肿瘤细胞表面 PD - L1 和活化 CD4 阳性 T 细胞、CD8 阳性 T 细胞表面 PD - 1 的相互作用，增强机体抗肿瘤免疫。

（3）纳武单抗工程细胞株的获得   ①抗原制备：将人 PD - 1 的胞外区和人 IgG_1 的 Fc 段进行重组，然后导入中国仓鼠卵巢（CHO）细胞，表达重组人 PD - 1 - Fc 蛋白；②免疫：将重组人 PD - 1 - Fc 蛋白免疫人源化转基因小鼠；③融合：取免疫小鼠脾细胞，和 SP2/0 骨髓瘤细胞融合，ELISA 筛选能够和 PD - 1 特异性结合的阳性杂交瘤细胞；④测序：获取阳性杂交瘤细胞的 PD - 1 抗体基因序列；⑤功能性抗体的筛选：评价抗体的结合活性、阻断活性、特异性、体外功能、种属交叉反应，筛选得到候选抗体；⑥候选抗体可开发性评估：包括脱氨热点、氧化热点检查、聚体、异构化、N 端修饰、C 端修饰、二硫键、N/O - 糖基位点分析，抗体氨基酸序列优化等；⑦纳武单抗基因构建：将抗体轻、重链可变区分别和人轻链恒定区和人 IgG4 重链恒定区连接，得到完整的纳武单抗基因；⑧工程细胞株构建：将纳武单抗基因克隆到 CHO 细胞中，筛选得到稳定、高表达的工程细胞株。

四、小分子抗体药物

将完整抗体的某些非功能或非关键性片段去除，只保留重要功能部分，得到的具有一定生物活性和功能的抗体片段。小分子抗体分子量小，具有穿透性强、免疫原性低、能在大肠埃希菌等原核表达系统中表达等优点；缺点是无抗体 Fc 区，不能介导抗体的其他生物学效应。常见的小分子抗体有 Fv 抗体、单链抗体（scFv）、Fab 抗体、纳米抗体等（图 3 - 3）。

图 3 - 3 小分子抗体

1. Fv 抗体 由抗体 VH 和 VL 组成，是与抗原结合的最小功能片段。可以分别构建含 VH 和 VL 基因的载体共转染细胞，表达 H 链和 L 链的 V 区后组装成 Fv；或者将 VH 和 VL 基因构建在一个载体上转染细胞，分别表达 H 链和 L 链的 V 区后再组装成 Fv。H 链和 L 链的 V 区由非共价键结合在一起形成 Fv。二硫键稳定抗体（dsFv）是将抗体 VH 和 VL 的各 1 个氨基酸残基突变为半胱氨酸，通过二硫键连接 VH 和 VL 的抗体。优点是生化性质稳定，能够耐受环境条件的剧烈作用。

2. scFv 抗体 又称为单链抗体，由连接 DNA（linker DNA）将抗体 VH 和 VL 连接起来形成的单链，能够自发折叠成天然构象，具有 Fv 的特异性和亲和力。linker DNA 的设计原则是不干扰 VH 和 VL 的立体构象，不妨碍抗原结合部位。目前最常用的 linker 是由 4 个甘氨酸和 1 个丝氨酸重复三次排列组合 [（Gly4Ser）$_3$] 成的 15 肽序列。连接方式可以是 VH 的 N 端与 VL 的 C 端相连，也可以是 VH 的 C 端与 VL 的 N 端相连。在单链抗体基因 C 末端引入标签，可使表达产物更易于检测和纯化。scFv 的特点：①不含有抗体分子的 C 区，因而免疫原性弱，用于人体几乎不会产生抗鼠抗体；②分子质量小，穿透力较强，在体内停留的时间较短，适用于疾病的免疫显像诊断和靶向治疗；③不需要进行糖基化修饰，可以在原核表达系统中进行表达。

3. Fab 抗体 由重链的 Fd 段（VH - CH1）和轻链通过二硫键形成的异二聚体，分子量一般为 5×10^4。Fab 抗体生产工艺简单，用木瓜蛋白酶消化完整抗体可获得 2 个 Fab，每个 Fab 只有一个抗原结合位点，Fab 抗体的稳定性较差，轻重链容易解离，免疫原性相对较强，成药应用受到限制，但 Fab 抗体易形成稳定且抗原结合能力强的多聚体，通过单体产生有价值的多聚体是今后 Fab 抗体发展的主要方向之一。Fd 基因和 L 链基因可以分别构建在两个载体上，然后共转染细胞进行表达，也可以构建在一个载体上转染细胞进行表达。

4. 纳米抗体 纳米抗体中没有 L 链的存在。1989 年，Ward 等研制出只有 VH 的抗体，命名其为单域抗体。1993 年，Hamers - Casterman 等报道骆驼抗体只有 H 链，天然缺失 L 链，即重链抗体。纳米抗体在胃等脏器中稳定性更好，为口服治疗胃肠道疾病开辟了新思路。与普通抗体相比，纳米抗体免疫原性低，稳定性好，具有更为广泛的抗原结合能力，从小分子的半抗原和肽到大分子的蛋白和病毒，都能被纳米抗体识别和结合，甚至当靶蛋白的识别位点被紧密包裹在分子内部时也能被识别。

五、抗体融合蛋白药物

由于小分子抗体易进行分子改造，故常用来与其他蛋白质融合而得到具有多种功能的融合蛋白。目前研制的抗体融合蛋白主要是利用 IgG_1 的 Fc 段（可与细胞表面的 Fc 受体结合）与某些负责对抗原的特异性结合和亲和作用的蛋白融合而成。Fc 融合蛋白中的 Fc 段增加了分子量，可避免药物被肾小球滤过，同时，通过和多种细胞表面的 Fc 受体结合，避免药物进入溶酶体中被降解，显著延长了血浆半衰期，可减少药物注射频率，改善患者对治疗的依从性和耐受性。

抗体融合蛋白药物的作用方式主要包括：①通过阻断或中和作用产生治疗效果；②通过抗体 Fc 部分的免疫效应机制产生治疗效果，如 ADCC 和 CDC 等效应；③利用抗体的靶向性，将具有细胞毒性治疗药物，如放射性核素、细胞毒药物、毒素及全药带到靶部位。

1998 年，首个抗体融合蛋白药物依那西普批准上市，用于各类中度至重度关节炎和斑块型银屑病、强直性脊柱炎的治疗。依那西普由 2 个 TNF－α 受体的细胞外配体结合结构域和 IgG₁ 的 Fc 部分通过 3 个二硫键连接而成，Fc 部分包含 IgG₁ 的 CH2、CH3 和铰链区，亲和力高于天然 TNF－α 受体。依那西普的作用机制类似于天然可溶性 TNF－α 受体，与跨膜 TNF－α 受体竞争性结合 TNF－α。与天然的可溶性 TNF－α 受体相比，依那西普的二聚体设计使 TNF－α 受体和 TNF－α 的亲和力更高，Fc 融合设计使 TNF－α 受体的稳定性更好，半衰期更长。

六、双特异性抗体药物

双特异性抗体（BsAb）具有两条不同的重链和两条不同的轻链，可变区可以同时和两种不同的抗原结合，恒定区可以和巨噬细胞、自然杀伤细胞结合，发挥相应生物学作用（图 3-4）。随着基因工程、抗体工程等技术的进步，科学家们开发了 100 多个双特异性抗体构建平台，目前有 200 多个双特异性抗体药物在研。

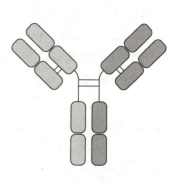

双特异性抗体结构呈多样化，如，根据有无 Fc 段分为 IgG 类双特异性抗体（含 Fc 段）和非 IgG 类双特异性抗体（无 Fc 段），根据是否对称分为对称性 IgG 类双特异性抗体和非对称性 IgG 类双特异性抗体。

图 3-4 双特异性抗体药物示意图

IgG 类双特异性抗体技术平台主要有 Triomabs、CrossMab、Knobs－into－holes、Ortho－Fab IgG、DAF（Two－in－one IgG）、DVD－Ig、scFv－IgG 等。IgG 类双特异性抗体保留了 Fc 段，除了具有 ADCC、CDC 等由 Fc 介导的生物学效应，对于抗体的纯化，抗体药物溶解度、稳定性的提高和体内半衰期的延长都是有利的。非 IgG 类双特异性抗体技术平台主要有 BiTE、TandAbs、Dock－and－lock、Nanobodies、DARTs 等。非 IgG 类双特异性抗体缺乏 Fc 段，可构建成多种不同形式的小型化双特异性抗体。非 IgG 类双特异性抗体分子量较小，利于穿透组织到达肿瘤靶点，可以通过原核表达生产从而降低成本，但缺乏 Fc 段也导致了抗体药物在体内半衰期较短，临床上需要连续给药来维持治疗效果。

2009 年，全球首个双特异性抗体药物 Removab 获欧洲药品管理局（EMA）批准上市，2017 年宣告退市。2014 年，Blincyto（blinatumomab）成为第一个获得 FDA 批准的双特异性抗体，用于治疗急性淋巴白血病。

🖋 知识链接

双特异性抗体药物

Blincyto（blinatumomab）是第一个获得 FDA 批准的双特异性抗体药物，可同时结合 CD3 和 CD19，是 CD3 和 CD19 之间的连接子。2014 年在美国上市，用于治疗复发或难治的费城染色体阴性的 B 细胞前体急性淋巴细胞白血病。blinatumomab 是一个 55kDa 的融合蛋白，由 CD19 单克隆抗体的轻、重链可变区和 CD3 单克隆抗体的轻、重链可变区组成，中间通过一个 5 个氨基酸的连接子连接而成。

作用机制 CD3 为位于 T 细胞表面的跨膜蛋白，与 T 细胞抗原识别受体（TCR）形成 TCR - CD3 复合物，共同介导 T 细胞的激活和增殖。CD19 是 blinatumomab 的靶点，为一个 95kDa 的跨膜蛋白，绝大多数的 B 细胞前体急性淋巴细胞白血病肿瘤细胞表面均表达 CD19。CD19 是 B 细胞特异性抗原，几乎所有 B 细胞都表达 CD19。Blincyto 同时结合 B 细胞膜上的 CD19 和 T 细胞膜上的 CD3，将 T 细胞和肿瘤 B 细胞拉近，CD3 介导 T 细胞的激活和增殖，T 细胞杀伤和清除肿瘤 B 细胞。

安全性 毒性来源于作用机制，即 T 细胞的激活和增殖、B 细胞的清除等。T 细胞的激活和增殖导致细胞因子释放综合征，B 细胞的清除导致治疗中和治疗后血液丙种球蛋白显著减少。

七、抗体偶联药物

抗体偶联药物（ADC）是由靶向特异性抗原的单克隆抗体与小分子细胞毒性药物通过连接子连接而成，兼具传统小分子化疗的强大杀伤效应及抗体药物的肿瘤靶向性。

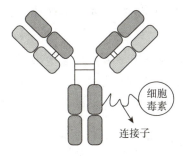

图 3-5 ADC 示意图

ADC 由 3 个主要部分组成，分别负责选择性识别癌细胞表面抗原的单克隆抗体，杀死癌细胞的细胞毒素，以及连接抗体和细胞毒素的连接子（图 3-5）。ADC 和癌细胞上的特定蛋白结合后，被癌细胞内吞，经癌细胞溶酶体降解，ADC 释放细胞毒素并发挥作用，最终导致癌细胞死亡。理想的 ADC 应能够在血液循环中保持稳定，精准到达癌细胞并释放细胞毒素。

ADC 的开发包括靶点选择、细胞毒素选择、连接子选择、筛选评价、生产制备和质量控制等。①靶点选择：理想的靶点是肿瘤细胞特异性表达而正常细胞不表达的靶点，实际上很难找到，比较理想的选择是肿瘤细胞高表达而正常细胞表达有限的靶点；靶点在肿瘤细胞的表达水平直接影响有多少 ADC 能发挥抗肿瘤作用；靶点如果不能通过内吞作用将 ADC 转运到肿瘤细胞内，将严重降低 ADC 的抗肿瘤作用；肿瘤体积越大，坏死越多，ADC 越难到达肿瘤部位。②细胞毒素选择：细胞毒素的效率必须非常高；细胞毒素必须能在肿瘤细胞内发挥作用，常用的有微管蛋白抑制剂、DNA 合成抑制剂和 RNA 合成抑制剂；细胞毒素的分子量必须非常小以减少免疫原性风险，在水性缓冲液中有合理的溶解度以利于和抗体偶联，在血浆中有足够的稳定性以满足 ADC 长半衰期的需求。经典细胞毒素主要有美登素、阿里他汀、卡奇霉素、倍癌霉素和鹅膏毒素。③连接子选择：连接子直接影响 ADC 药效和耐受性。要求在血液循环系统有足够稳定性，在肿瘤细胞内能被快速、有效释放；需要考虑和抗体连接的位点选择、位点个数。连接子包括可裂解的连接子和不可裂解的连接子，可裂解的连接子可在细胞内裂解以释放细胞毒素，不可裂解的连接子需要裂解 ADC 的抗体部分以释放细胞毒素。④筛选评价：筛选评价非常复杂，ADC 的组成部分（裸抗、连接子和细胞毒素）的筛选评价和抗体药物类似，一方面包括偶联率、药物分布、蛋白浓度等分子结构和稳定性研究，另一方面包括 ADC 的靶点结合活性、体外肿瘤细胞杀伤活性、体内抑瘤活性、血清稳定性、内吞作用、毒性作用等 ADC 作用效果研究。⑤生产制备：生产过程非常复杂，包括裸抗的制备、连接子的合成、毒素的合成、连接子和毒素的合成、抗体和连接子 - 毒素合成物的偶联。偶联工艺需考虑偶联温度、偶联体系、偶联时间、搅拌条件等。⑥质量控制：包括裸抗制备、小分子合成和偶联三步，每个步骤都需要非常严格的质量控制。

2000 年，FDA 首次批准 Mylotarg 用于成人急性髓系白血病（AML）的治疗，ADC 治疗癌症的时代就此开始。由于 Mylotarg 疗效低，临床获益有限且具有致命毒性，2010 年宣告退市。主要有 2 个原因，第一，Mylotarg 血液稳定性不好，由于采用酸敏感性连接子，容易受到体内酸性环境影响，会导致细胞毒素过早释放；第二，Mylotarg 均一性较差，50% 不携带细胞毒素，另外 50% 携带的细胞毒素存在较大差别。在新一代 ADC 中，DS-8201 的出现开启了人表皮生长因子受体-2（HER-2）治疗的新纪元，DS-8201 通过连接子优化技术，使血液稳定性和均一性均得到了较大保证。

🔗 **知识链接**

ADC

1. 恩美曲妥珠单抗（赫赛莱，Trastuzumab Emtansine，T-DM1）　商品名为 Kadcyla，2013 年在美国和欧洲上市，用于人表皮生长因子受体 2（HER-2）阳性乳腺癌的治疗。T-DM1 由曲妥珠单抗、细胞毒素 DM1 和连接子 MCC 三部分通过共价连接而成。DM1 是一种高活性的微管蛋白抑制剂细胞毒素，MCC 是一种硫醚键连接子。

（1）曲妥珠单抗　靶向 HER-2 的单克隆抗体，用于 HER-2 阳性乳腺癌的治疗。曲妥珠单抗通过激活 ADCC 作用和抑制 HER-2 介导的 PI3K/Akt、Ras/Raf 和 MEK 信号通路发挥抗肿瘤效应。

（2）T-DM1 作用机制　T-DM1 利用曲妥珠单抗的靶向 HER-2，曲妥珠单抗和肿瘤细胞表面的 HER-2 结合，T-DM1 被肿瘤细胞内吞，肿瘤细胞的溶酶体降解 T-DM1 连接子，释放细胞毒素 DM1，发挥抗肿瘤效应。此外，T-DM1 还保留了曲妥珠单抗自身的抗肿瘤效应。

2. 德曲妥珠单抗（优赫得，Trastuzumab deruxtecan，T-DXd，DS-8201）　商品名为 Enhertu，是由阿斯利康和第一三共联合开发和商业化的 ADC，于 2019 年在美国获批，是一款三代 ADC 药物，由抗 HER-2 的 IgG₁ 单抗通过连接体，与拓扑异构酶 I 抑制剂 Dxd（效能比伊立替康高 10 倍）组成。Enhertu 抗体与药物由可切割的四肽连接体相连，药物抗体比（DAR）高达 8。Enhertu 的出现颠覆了乳腺癌患者的治疗方式，Enhertu 的一项研究结果（DESTINY-Breast04）表明，Enhertu 使 HER-2 低表达（HER-2-low）的转移性乳腺癌患者

图 3-6　Enhertu 的结构

无进展生存时间（PFS）几乎翻了一倍，有望直接开启"HER-2 低表达"乳腺癌的精准治疗时代（图3-6）。

第二节　抗体药物的发现

抗体药物的发现主要包括抗体药物的筛选和抗体药物的优化两个阶段。抗体药物的筛选是从头寻找优质候选抗体，包括抗原设计和制备、动物免疫、抗体筛选等过程；抗体药物的优化则是对已有抗体做必要的改进，包括抗体改造、成药性评估、动物模型评估等过程。抗体药物的发现是开发单克隆抗体药物、小分子抗体药物、抗体融合蛋白药物、双特异抗体药物、ADC 药物等抗体药物开发的必经之路。

一、抗体药物的筛选

（一）抗原设计和制备

抗原设计前需要通过大量文献分析和专利调研选择抗体作用靶点，确保靶点的有效性。抗体作用靶点确定后，就可以进行抗原设计，抗原设计应满足一个基本条件，就是抗原能够刺激机体产生抗体，但产生的免疫应答不能过强。

如果抗原是游离蛋白，一般可以直接将抗原基因和载体连接后转入原核或真核细胞中，体外表达后经纯化获得，需注意抗原是否能够形成天然状态的结构形式，如 TNF - α 天然状态的结构形式为三聚体形式，那么制备得到的抗原也应是三聚体形式。

如果抗原是膜蛋白，可用 4 种方式获得。第一种方式，对于单次跨膜蛋白，可以选择膜蛋白的胞外 ECD 片段（胞外结构域，该区域也是抗体实际结合的部分），ECD 片段多为可溶性的分泌蛋白，且具有类似天然蛋白的结构和功能；第二种方式，选择整个膜蛋白，细胞膜上表达整个膜蛋白后，将膜溶解，经纯化获得，该方式可尽可能保持天然构象；第三种方式，将膜蛋白组装到病毒样颗粒（VLP）上，该方法可保持天然构象；第四种方式，采用膜蛋白高表达的细胞，由于细胞膜蛋白种类较多，因此该方式专一性差，鉴于此，可采用膜蛋白高表达的细胞和膜蛋白一起来保证成功率。

抗原设计还应考虑物种交叉性。抗体药效和毒理等评估需要使用小鼠、大鼠、猴等动物模型进行实验，因此在前期抗原的准备阶段，需要获得来自不同种属的同种抗原，同步进行结合和功能活性验证。

（二）动物免疫

抗原设计完成后需要制备抗原，再将制备得到的抗原通过动物免疫获得抗体。一般需要多次免疫动物，一般为 5～8 次。如果需要得到纳米抗体，则通常选择羊驼；如果是一般抗体，则通常选择鼠和兔，兔抗相较于鼠抗有其得天独厚的优势。如，兔单抗结构更简单，只有 IgA、IgG、IgE、IgM，没有 IgD，且兔抗 IgG 也不像人、小鼠的 IgG 分为不同亚型，其只有一个亚型；相比鼠抗，兔抗亲和力高、特异性强；兔抗极为多样化，拥有更加广谱的抗原结合位点。

（三）抗体筛选

目前较为常用的抗体筛选技术有杂交瘤技术、抗体库筛选技术、转基因小鼠技术和单个 B 细胞克隆技术等。

1. 杂交瘤技术　将抗原注射到小鼠体内，抗原和 B 细胞发生特异性结合，细胞发生增殖，增殖一段时间以后，获取动物脾脏，将 B 细胞分离出来。B 细胞在体外存活时间较短，将其和具有无限增殖能力的骨髓瘤细胞融合后，在 HAT 选择培养基中培养一段时间，由于 B 细胞在体外只有 5～7 天的生存时间，骨髓瘤细胞在 HAT 选择培养基中无法增殖，所以最后只剩下杂交瘤细胞。通过克隆化培养，混合的杂交瘤细胞可被分隔成单个杂交瘤细胞，杂交瘤细胞经过培养后，就可得到特异性抗体。普通小鼠可得到鼠源性单克隆抗体，如果是转基因小鼠，则可直接得到全人源单克隆抗体。下面是小鼠杂交瘤细胞制备的详细流程（图 3 - 7）。

（1）小鼠经免疫全部完成后，在无菌条件下获得脾脏，制备脾淋巴细胞。

（2）将脾淋巴细胞和免疫动物同品系的骨髓瘤细胞进行体外培养。

（3）将两种细胞按一定比例混合，加入聚乙二醇（PEG）进行融合。

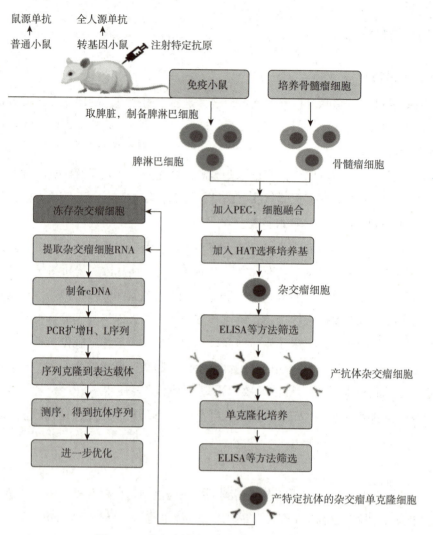

图 3－7　杂交瘤技术制备单克隆抗体的流程

（4）将细胞置于 HAT 选择培养基（H：次黄嘌呤，A：氨基蝶呤，T：胸腺嘧啶核苷）中培养，以去除未融合细胞、融合 B 细胞、融合骨髓瘤细胞，最终获得杂交瘤细胞。

（5）利用 ELISA 等方法筛选能产生抗体的杂交瘤细胞。

（6）通过克隆化培养以获得能够稳定分泌抗体且完全同质的杂交瘤细胞，常用的克隆化培养方法有软琼脂法、有限稀释法、单克隆细胞集团显微操作法、单细胞显微操作法和荧光激活细胞分类仪（FACS）分离法等，其中有限稀释法最为常用。

（7）利用 ELISA、流式细胞法、功能实验法等方法，筛选能够产生特定抗体的杂交瘤细胞。

（8）将杂交瘤细胞冻存，可用于后续抗体生产。

（9）测序分析。提取杂交瘤细胞 mRNA，制备 cDNA，PCR 扩增抗体重链（H）和轻链（L）基因，将基因克隆到表达载体中并进行测序分析，最终获得抗体基因序列，以便于进一步研究优化。

2. 抗体库展示技术　抗体库展示技术包括噬菌体抗体库展示技术、酵母抗体库展示技术、哺乳动物细胞抗体库展示技术等。

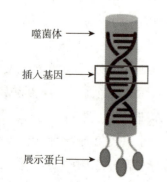

图 3－8　噬菌体抗体库展示技术

噬菌体抗体库展示技术是将编码多肽或蛋白质的外源基因插入到噬菌体外壳蛋白结构基因的适当位置，插入的外源基因经过表达，多肽或蛋白质可展示在噬菌体表面，并能够保持相对的空间结构和生物学活性（图3-8）。

噬菌体抗体库展示技术的筛选流程包括：①一个包含 $10^6 \sim 10^{11}$ 个克隆的噬菌体抗体库与固定的抗原孵育；②未结合的噬菌体通过清洗被弃去；③与抗原结合的噬菌体被洗脱下来；④洗脱下来的噬菌体在辅助噬菌体的帮助下感染大肠埃希菌以扩增洗脱下来的候选噬菌体；⑤将大肠埃希菌细胞接种到可筛选的平板上并进行扩增。以上步骤重复几次，使得与抗原结合的噬菌体被富集（图3-9）。

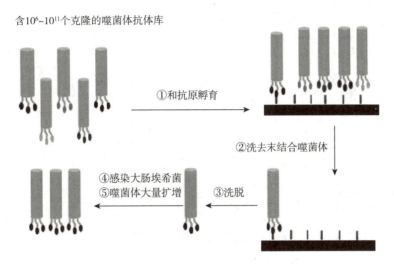

图 3-9　噬菌体抗体库展示技术的筛选流程

3. 转基因小鼠技术　生产全人源单克隆抗体的转基因小鼠技术有两种，一种是将已产生一定免疫应答的供者或癌症患者的淋巴细胞导入严重联合免疫缺陷小鼠，然后取小鼠脾细胞，与人骨髓瘤细胞融合，形成能够分泌人抗体的杂交瘤细胞；另一种是通过基因敲除技术使小鼠自身抗体基因失活，然后导入人抗体 H、L 链基因簇，创造出携带人抗体 H、L 链基因簇而自身抗体基因失活的转基因小鼠，小鼠体内可精确地重现人抗体的产生过程，但转基因小鼠通常有体细胞突变和其他独特的序列，导致不完整的人序列，并且小鼠体内表达的抗体具有小鼠糖基化模式，所以这些抗体最终并不是全人源化的。

Medarex 公司的 HuMab 转基因小鼠和 Abgenix 公司的 Xeno 小鼠作为第一代转基因小鼠，含有人抗体的恒定区，很长时间内几乎处于垄断地位。第二代转基因小鼠是 Regeneron 公司的 VelocImmune 小鼠，含有小鼠抗体的恒定区。作为第二代转基因小鼠的引领者，Regeneron 公司从 2017 年开始迎来抗体药物集中上市期，如 Dupixent、Kevzara 和 Praluent 等全人源抗体药物已经上市。

4. 单个 B 细胞克隆技术　单个 B 细胞克隆技术是一种单细胞反转录 PCR 方法，一般来说，用抗体库展示技术筛选到的抗体大部分亲和力不高，主要是因为重链和轻链基因不是原始匹配的。利用单个 B 细胞克隆技术，可以解决抗体轻、重链基因原始匹配问题，有利于筛选到高亲和力抗体。单个 B 细胞克隆技术的具体过程包括：①利用流式细胞仪分选得到 B 细胞；②采用反转录 PCR 技术获得原始匹配的抗体重链和轻链可变区基因；③将抗体基因克隆至适当载体中；④通过测序，分析评价插入、缺失和突变情况，再通过重叠 PCR 技术将抗体基因片段连接成 scFv、Fab 等形式；⑤利用真核细胞表达系统进行克隆和表达（图3-10）。

单个 B 细胞克隆技术的优点是只要 B 细胞能被流式细胞仪分选出来，就可以获得人抗体基因用于制备全人源单克隆抗体，而且由于获得的是人抗体基因，且人抗体重链和轻链基因是原始匹配的，因此不需要对抗体进行人源化改造和亲和力成熟改造，上述这些优点可大大缩短抗体药物研发周期，快速推进至临床试验；缺点是只有细胞表面表达抗体的 B 细胞才能被分选出来，所使用的抗原探针必须高度特异并且稳定。

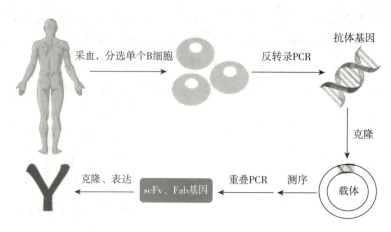

采血，分选单个B细胞　　反转录PCR　　抗体基因

克隆

克隆、表达　　scFv、Fab基因　　重叠PCR　　测序　　载体

图 3-10　单个 B 细胞克隆技术

二、抗体药物的优化

抗体药物的优化包括抗体改造、成药性分析、动物模型评估等过程。

（一）抗体改造

1. 人源化改造　利用基因工程技术改造鼠源性单克隆抗体，使其向人源化单克隆抗体方向发展，减少后续成药抗体的免疫原性，是抗体药物研发的主要发展方向。人源化改造的基本原理是保留抗体可变区，将替换成人抗体成分，或者保留抗体恒定区或可变区的 CDR，将恒定区、可变区的 FR 替换成人抗体成分，最终保持抗体的特异性和亲和力。

2. 亲和力成熟　抗体亲和力指的是抗体和抗原结合能力的大小。基因工程抗体解决了单克隆抗体的鼠源性问题，但同时也发现了它存在亲和力低的问题，是实际应用中的一大难题，因此需要对基因工程抗体进行抗体亲和力改造，以满足实际需求。

（1）体内抗体亲和力成熟策略　再次免疫应答所产抗体的平均亲和力高于初次免疫应答，这种现象被称为抗体亲和力的成熟。只有经过抗原多次刺激后，抗体的亲和力才能逐渐增加。体内抗体亲和力成熟主要通过以下几种途径来实现。

1）抗体基因重排的多样性　这种多样性是抗体亲和力成熟的分子基础。机体内存在一个数量巨大的 B 细胞克隆库，能够通过表达在膜表面的膜 Ig 识别不同抗原，与抗原发生多次相互作用后，分泌高亲和力抗体的 B 细胞克隆被选择性激活并进一步增殖分化，从而导致抗体亲和力的提高。

2）体细胞突变　B 细胞克隆被激活后，会发生频率较高的超突变，突变的结果可以是失去活性、亲和力降低或升高，只有突变后亲和力升高的 B 细胞克隆易于被抗原所选择并进一步增殖分化。

3）免疫记忆的存在　初次免疫应答会产生一定数量的记忆 B 细胞。记忆 B 细胞也会发生上述突变，从而使其膜 Ig 的亲和力不断提高。

（2）体外抗体亲和力成熟策略　一般人源化抗体较鼠源抗体亲和力弱，但抗体治疗需要高亲和力抗体，所以需要一个亲和力成熟过程。体外抗体亲和力成熟是基于对体内抗体亲和力成熟规律的认识，通过模拟体内抗体亲和力成熟的方式而实现的，即采用各种突变策略模拟体内的高频突变，结合大容量再抗体库的构建和筛选技术，以获得高亲和力的基因工程抗体。突变策略有易错 PCR、链置换、CDR 定点突变、CDR 步移、DNA 改组（有性 PCR 或分子育种）等方式。

3. 抗体 Fc 段的改造　抗体 Fc 段的改造目的主要包括增强 ADCC/ADCP 效应，增强 CDC 效应，延长抗体半衰期，增强 Fc 段和 FcγR Ⅱ B 的结合等方式来提高抗体的抗肿瘤作用。通过氨基酸突变、糖基化改造等方式对 Fc 段进行改造可增强 ADCC/ADCP、CDC 效应、延长抗体半衰期，如，抗体 Fc 段的 S239D/A330L/I332E 引入突变是增强 ADCC 效应的核心方案，N297 的糖基化可以增强 CDC 效应。

（二）成药性分析

抗体的成药性主要由抗体本身的序列和结构决定，会影响后续的生产工艺和临床试验，因此成药性分析就显得尤为重要，成药性分析一般包括抗体的理化特性和生化特性两部分。

1. 理化特性　理化特性重点关注胶体稳定性、构象稳定性以及环境影响因素等。通过纳米粒子光谱（AC－SINS）法等方法测试分子间的相互作用，以此来评价聚集倾向、黏度等指标；通过差示扫描荧光法（DSF）等技术评价构象稳定性。环境影响因素包括光照、剪切力、酸碱度、温度等，这些因素都是抗体药物生产储存过程中需要考虑的。此外，还有抗体药物与 DNA、宿主细胞等的非特异性结合情况。

2. 生化特性　生化特性重点关注化学反应类的改变，因为这可能直接导致抗体结构改变，最终引起抗体药物失效或免疫原性等风险。抗体药物由氨基酸组成，因此脱酰胺基作用以及异构化是比较常见的问题，此外，甲硫氨酸和色氨酸容易被氧化，也需要重点监测。

成药性分析应该在合适的时间进行。如果时间过早，需要评价的抗体数量太多，投入的时间和成本难以承受，如果时间过晚，则风险过高。因此，一般在抗体功能性筛选或工程化阶段进行，这个时候的抗体数量一般都不会太多。

第三节　抗体药物的开发

抗体药物的开发包括稳定细胞株构建、原液生产工艺研究、制剂生产工艺研究、稳定性研究、质量控制研究、生产过程控制研究、临床前研究、临床试验、产品注册等一系列复杂过程。

一、稳定细胞株构建

1. 宿主细胞的选择　抗体药物制备的第一步是选择能够高效表达目标抗体的宿主细胞。哺乳动物细胞可完成复杂的糖基化等翻译后修饰，所表达的产物最接近天然抗体，是目前抗体药物生产的最佳宿主。常用的哺乳动物宿主细胞有中国仓鼠卵巢（CHO）细胞、人胚肾（HEK293）细胞、小仓鼠肾（BHK）细胞、SV40 转化的绿猴肾（COS）细胞等，CHO 细胞是目前应用最广泛的宿主细胞。不同宿主细胞表达产物的稳定性和糖基化类型不同，根据需要选择最佳的宿主细胞。

2. 表达载体的构建　具体过程包括：①根据选择的宿主细胞，利用 IDT 软件对目标抗体的轻、重链基因进行密码子优化，以便更好地在宿主细胞中表达；②人工合成得到目标抗体轻、重链基因，分别克隆到两个带有不同筛选标记的表达载体中，构建轻、重链基因的表达载体；③通过测序确认轻、重链基因已正确克隆到表达载体中。

3. 细胞株的构建和筛选　将构建好的轻、重链基因表达载体进行酶切使其线性化，然后转入 CHO 等宿主细胞，最后通过有限稀释法进行克隆化培养，筛选出稳定且产量高的细胞克隆。目前稳定细胞株筛选系统主要有抗生素加压筛选系统和基因扩增系统，抗生素加压筛选系统常用的抗生素有潮霉素 B、嘌呤霉素等，添加抗生素后，没有抗体基因的细胞或抗体表达量低的细胞将被抗生素杀死；基因扩增系统是通过提高抗体基因拷贝数来提高抗体产量，目前主要有二氢叶酸筛选系统和谷氨酰胺合成酶筛选系统等，分别通过抑制二氢叶酸还原酶基因和谷氨酰胺合成酶来实现基因扩增的目的。筛选方式包括克隆环法、点样法、流式细胞术（FCM）、基于分泌蛋白的筛选和自动化系统等。

4. 细胞株的评估和建库　对筛选得到的细胞克隆进行稳定性评估，对其表达的目标抗体进行鉴定，按照法规要求建立三级细胞库，即种子细胞库、主细胞库、工作细胞库，对细胞株进行全面检定和传代稳定性研究。

二、原液生产工艺研究

1. 培养基的优化　化学组分限定培养基（CDM）是目前最安全、最理想的培养基，培养基批间一致性好，培养基中添加的动物来源蛋白水解物、蛋白等组分都是明确的，能够有效减少生产的可变性，提高生产工艺的重复性，降低纯化成本。培养基的优化包括培养过程分析和统计分析设计。培养过程分析包括补料策略、细胞代谢流分析、消耗组分分析、化学计量分析等，最终建立细胞生长、代谢和抗体表达的数学模型。统计分析设计包括正交设计、混合设计、响应面法、均匀设计等。

2. 细胞培养工艺优化　包括细胞复苏、细胞扩增等工艺参数和性能参数的研究。细胞扩增包括 pH 控制、溶氧控制、温度控制、二氧化碳分压控制等，目的是优化细胞生长速度、活率、抗体表达、营养代谢、副产物积累和抗体质量等。

3. 抗体表达的线性放大　抗体表达早期一般以摇瓶方式进行培养，后期放大需要在大体积生物反应器中进行培养，线性放大一般以 1∶10～1∶5 的比例进行，线性放大过程中需要对细胞培养工艺参数和性能参数进行研究，工艺参数包括温度、气流流速、搅拌桨形状、搅拌速度、溶解氧浓度、渗透压、pH、氧化还原电位，性能参数包括代谢产物水平、细胞周期、活细胞密度、细胞活率、胞内外还原型辅酶 I 和乳酸脱氢酶浓度水平等。

4. 抗体纯化工艺优化　为了去除抗体生产过程中产生或引入的杂质，需要一个有效的纯化工艺去除产品中可能的外源因子、工艺相关杂质及产品相关杂质等物质。

常用的纯化工艺操作包括色谱柱层析（亲和层析、离子交换层析、疏水层析等）、除病毒（低 pH 灭活和纳滤）、超滤浓缩、过滤等。由于抗体在结构和理化性质上具有相似性，所以抗体药物纯化工艺较为类似。通用平台工艺包括：①使用亲和层析和离子层析捕获和精纯抗体；②低 pH 孵育和纳滤进行病毒灭活和去除；③浓缩超滤完成原液制备工作。

抗体纯化工艺优化工作主要包括：层析步骤的载量、洗杂和洗脱条件优化；低 pH 孵育步骤的 pH 和孵育时间优化；纳滤步骤的载量和样品浓度优化；浓缩超滤步骤的膜载量、TMP 和透析浓度优化等。

实验设计（DoE）是实施 QbD（质量、数量、设计和设计质量）研发理念的重要工具之一，是探究纯化工艺中物料属性、工艺参数对药品关键质量是否有影响的有效工具。使用 DoE 等手段优化并建立下游工艺设计空间和控制策略是抗体药物工艺开发中重要工作之一。

三、制剂生产工艺研究

制剂生产工艺研究是抗体分子开发为抗体药物的关键步骤，涵盖制剂处方、制剂生产工艺和制剂包材等研究，旨在确保抗体药物的稳定性。

1. 制剂处方研究 制剂处方研究关键在于确定最佳的药物组成，以确保抗体药物稳定性。包括选择适当的药物浓度、pH、缓冲剂、稳定剂、抗氧化剂和表面活性剂等。稳定剂能减少抗体药物的聚集和降解，常用的稳定剂有海藻糖、蔗糖和甘露醇等；表面活性剂能降低溶液表面张力和剪切力对抗体药物的不良影响，能有效防止不溶性颗粒的形成，避免抗体聚集和吸附，常用的表面活性剂有聚山梨酯20、聚山梨酯80等。此外，还需要考虑温度、光照、振动等环境因素对抗体药物稳定性的影响，并采取相应的措施。

2. 制剂生产工艺研究 制剂生产工艺研究主要是为了确定最佳的生产工艺，以确保抗体药物的质量和稳定性。包括选择适当的混合、过滤、灌装、冷冻干燥等工艺。同时，还需要考虑生产设备和生产环境等因素对抗体药物质量的影响，并采取适当的控制措施。

3. 制剂包材研究 制剂包材研究主要是为了确定最佳的包装材料和包装方式，以确保抗体药物的稳定性和安全性。包括选择合适的玻璃瓶、橡胶塞、铝盖等包装材料。此外，还需要考虑包装材料的兼容性、气密性、遮光性等因素，选择能满足这些要求的包装材料。

四、稳定性研究

稳定性研究的主要目标是原液、中间品和成品的稳定性，为抗体药物的储存提供依据，包括加速稳定性考察、长期稳定性考察、光照稳定性考察、模拟运输稳定性考察等，考察的性能参数包括抗体含量、pH、外观、等电点、纯度、生物学活性、内毒素、微生物限度和理化性质等。

五、质量控制研究

对于抗体药物而言，质量控制研究应贯穿产品研发到上市的每个环节，包括抗体药物筛选的有效分析方法研究、细胞株构建的质量控制研究、原液和成品质量控制研究等。

1. 原料质量控制研究 目的基因、表达载体、宿主细胞、培养基等原辅料涉及抗体药物生产多个环节，决定了抗体药物的质量，也是杂质和污染物的主要来源，最终会影响抗体药物的有效性和安全性。

2. 原液质量控制研究 主要包括纯度、生物学活性、杂质和理化性质等研究。理化性质研究包括等电点、N端氨基酸序列、肽图、糖基化等；生物学活性研究包括抗体结合活性、抗体活性等；回收率研究包括蛋白质含量、单体含量等；杂质研究包括宿主细胞蛋白、宿主细胞DNA、蛋白A、内毒素、微生物等；理化性质研究包括外观、pH等；不同产品和工艺的相关杂质有所不同，应具体分析。

3. 成品质量控制研究 除了纯度、生物学活性、杂质和理化性质，还包括装量、渗透压摩尔浓度、辅料含量、可见异物、不溶性微粒等。

六、生产过程控制研究

抗体药物的质量是设计和生产出来的，要将导致抗体药物质量不合格的因素进行控制研究，实际生产过程应严格控制生产环境和工艺条件，对每一个环节都要严格控制，严格规范生产操作。生产过程控制研究主要包括细胞培养、纯化、制剂等过程。

七、储存和运输控制研究

除了生产过程，原液、半成品、成品的储存和运输都要进行控制研究，以保证抗体药物维持正常活性。应根据稳定性研究数据得出储存和运输控制参数，稳定性研究主要考察温度、时间等因素，通过测定抗体药物的活性等质量属性来进行评价，包括影响因素试验、加速稳定性试验和长期稳定性试验。

1. 加速稳定性试验 通过模拟抗体药物在储存或运输过程中可能遇到的短暂的非常规条件，考察抗体药物的质量变化。

2. 长期稳定性试验 在规定的储存条件下考察抗体药物的质量变化，最终为确定有效期和储存条件提供依据。

八、临床前研究

抗体药物开发成功后，必须首先在相关种属的动物模型上进行临床前研究，才能进行临床试验和注册上市，包括药理学研究和毒理学研究，主要目的是证明药物的安全性和有效性，提供初次和最高给药剂量参考，降低用药风险。

1. 药理学研究 主要研究抗体药物和机体相互作用的规律和机制，为临床用药提供参考，包括安全药理学、主要药效学、药代动力学和毒代动力学等。

2. 毒理学研究 主要研究毒性反应的剂量、时间、强度、症状、靶器官、可逆性和解毒措施等，为临床用药提供参考，包括单次给药毒性、重复给药毒性和特殊毒性等。

九、临床试验

所有药物都必须通过临床试验确认安全性和有效性后才能够注册上市。临床试验需要在人体上进行，因此药物进入临床研究前必须得到药品监管部门的审批。临床研究按阶段可分为Ⅰ期临床试验、Ⅱ期临床试验、Ⅲ期临床试验和Ⅳ期临床试验。

1. Ⅰ期临床试验 在健康志愿者（对于肿瘤药物而言通常为肿瘤患者）身上研究药物在人体内的安全耐受程度和药代动力学，为制定给药方案和推荐安全剂量提供依据。

2. Ⅱ期临床试验 在真正的患者身上进行临床试验，主要目的是获得药物治疗的有效性数据，以及进一步的安全性数据。

3. Ⅲ期临床试验 在更大范围的患者志愿者身上进行扩大的多中心临床试验，是治疗作用的确证阶段，也是决定药物研发是否能够成功的关键阶段。

4. Ⅳ期临床试验 药物在获准上市后，仍然需要进行进一步的研究，在广泛使用条件下考察疗效和不良反应。

十、产品注册

药品注册申请包括药物临床试验申请、药品上市许可申请、上市后补充申请及再注册申请。申请人完成药物相应研究后提出申请，药品监督管理部门基于法律法规和现有科学认知进行安全性、有效性和质量可控性等审查，作出决定是否同意其药品注册事项及其管理申请。

第四节　抗体药物的质量研究

抗体的制备工艺采用动物细胞异源表达，其分子结构上存在多种翻译后修饰。根据 IgG 型抗体潜在的修饰位点（糖基化、焦谷氨酸环化、赖氨酸剪切、天冬氨酸异构及甲硫氨酸氧化等），推测出的理论变异体至少有 10^8 种，这些修饰变异又表现为分子大小、电荷、糖谱等多种形式的差异。临床研究已经证实，某些抗体药物的变异体具有不同的药代、药效和免疫原性。正确的分子结构是保证抗体药物安全、有效的物质基础。因此，抗体药物的质量表征研究应采用先进的分析手段，从物理化学、免疫学、生物学等角度对产品进行全面分析，并提供尽可能详尽的信息以反映目标产品内在的质量属性。

一、一级结构分析

1. 分子量分析 抗体恒定区有糖基化修饰，一般需经脱糖处理再测定分子量。通过实测值和理论值的比较，可以初步判定抗体分子量是否正确。

2. 氨基酸序列分析 抗体的氨基酸序列是其生物活性、临床疗效的物质基础，尤其是对于生物类似药而言，确保氨基酸序列与原研参比一致是首要条件。一般需经蛋白酶处理再利用串联液相质谱技术进行肽质量图谱分析，确证氨基酸序列是否正确。

3. 氨基酸含量分析 经酸水解和衍生化试剂处理后，使用液相定量分析来完成氨基酸含量分析。由于水解过程中对于稳定性差的氨基酸（丝氨酸、苏氨酸等）破坏较大，或某些氨基酸因空间位阻原因难以水解（异亮氨酸），可能导致某些氨基酸的实际测定值偏低。氨基酸含量并不能表明氨基酸序列的正确性，因此，氨基酸含量分析在抗体的结构确证研究中意义有限。

4. N 端异质性分析 N 端测序是抗体一级结构鉴定的重要方法。通常将还原后的抗体轻、重链经 Edman 降解依次测定 N 端氨基酸序列，若抗体的 N 端存在焦谷氨酰封闭，需采用焦谷氨肽酶去封闭后再进行 Edman 降解测定。

5. 氨基酸修饰分析 通过测定肽段分子量及二级碎片分子量，可以进一步分析氨基酸的修饰类型及其比例，如脱酰胺、甲硫氨酸氧化、糖基化修饰、N 端焦谷氨酸环化、C 端赖氨酸切除等。目前已经证实在加速降解条件下，抗体 CDR 的氨基酸修饰可能会影响其亲和力和生物学活性。修饰类型和位置的鉴定可作为抗体药物关键质量属性（CQA）评定的重要指标。

6. 糖基化修饰分析 除了个别改构的 IgG_1（N297A）型抗体不具有糖基化修饰外，绝大多数抗体和抗体融合蛋白均存在 N 糖或 O 糖修饰。N 糖修饰发生在"Asn - X - Ser/Thr"（X 为除 Pro 外的任意氨基酸）序列中的 Asn 位点。O 糖修饰多发生在抗体融合蛋白 Ser 和 Thr 的羟基上。糖基化修饰在维持抗体正常结构和生物活性上发挥着重要作用。例如，高半乳糖修饰能够提高抗体药物的 CDC 效应，低岩藻糖修饰能够提高抗体药物的 ADCC、ADCP 效应，α1,3 半乳糖、N - 羟乙酰神经氨酸（NGNA）等非人糖基化修饰则可引起免疫原性等，因此，需要对糖基化位点、寡糖分布及糖链结构等进行充分研究。一般使用糖苷酶酶切糖链并经衍生化处理后，再利用液相色谱分析确定各寡糖链所占比例。在抗体药物的质量控制中，应重点关注并控制影响抗体效应功能的寡糖分布。

二、高级结构分析

1. 二硫键分析 IgG 型抗体由两条轻链和重链通过链间二硫键连接而成。二硫键的构型有时会显著影响抗体的功能。通常采用酶切后质量肽图谱的方法进行二硫键分析，通过测定还原与非还原状态的酶切分子量或通过二硫键肽段的二级质谱碎片来确证抗体二硫键配对情况。抗体药物的表征研究既要验证二硫键正确配对行使，也要关注二硫键错误配对形式。IgG_1 和 IgG_4 抗体分子内含有 16 个二硫键，其中

12 个链内二硫键，4 个链间二硫键，IgG_2 抗体分子内含有 18 个二硫键，其中 12 个链内二硫键，6 个链间二硫键；而对于复杂的抗体融合蛋白依那西普，则含有 29 个二硫键和多种错配形式的二硫键。

2. 自由巯基分析　理论上含完整二硫键的 IgG 抗体分子内应不存在自由巯基，但是由于有些抗体存在额外的半胱氨酸或者存在未形成二硫键的半胱氨酸残基，因此，抗体分子中一般含有少量的自由巯基（0.02mol/mol 蛋白左右）。通常采用 ELLMAN 试剂法测定自由巯基，其原理为 5,5'-二硫代双（2-硝基苯甲酸）（DTNB）与抗体的自由巯基反应后生成 5-巯基-硝基苯甲酸（TNB），根据 TNB 吸光度确定自由巯基含量。

3. 高级结构分析　测定抗体分子高级结构的常用方法是圆二色谱法。远紫外区（190～230mm）可反映蛋白质二级结构，即 α 螺旋、β 折叠、转角和不规则卷曲的比例。近紫外区（250～350mm）可反映蛋白三级结构变化，即侧链生色基团苯丙氨酸、色氨酸、酪氨酸等残基的排布信息和二硫键微环境的变化；此外，氢氘交换质谱傅里叶转换红外光谱、差示扫描量热法、核磁共振技术、X 光晶体学等也常用于高级结构分析。

三、异质性分析

1. 大小异质性分析　抗体的大小异质性一般分为三类，即单体、片段和多聚体。片段包括降解的抗体和组装不完全的重、轻链等，多聚体包括二聚体、寡聚体或更复杂的多聚体等，多聚体不仅可能是单抗中的无效成分，还是引起免疫原性的重要因素，所以大小异质性分析是抗体药物生产工艺优化、生产过程控制和产品放行中不可或缺的检测项目，也是抗体药物稳定性评价的重要指标之一。常用的测定方法有非还原型或还原型十二烷基硫酸钠-聚丙烯酰胺凝胶电泳（SDS-PAGE）或十二烷基硫酸钠毛细管凝胶电泳法（CE-SDS）、分子排阻高效液相色谱法（SEC-HPLC）等，对单体、多聚体或片段进行定量分析。

2. 电荷异质性分析　抗体药物的多种翻译后修饰可导致其电荷异质性，而某些电荷异质性对抗体药物的稳定性和生物学活性具有重要影响而成为关键质量属性。电荷异质性能够反映生产工艺的稳定性，所以受到生物技术产业界及药品监管机构的密切关注。抗体药物电荷异质性较为复杂，需采用毛细管等电聚焦电泳（cIEF）法、离子交换高效液相色谱（IEX-HPLC）法和成像毛细管等电聚焦（ICIEF）法等多种理化分析技术，尽可能对不同电荷变异体组分进行检测和分析，并规定相应的可接受标准。

四、免疫学活性分析

1. 亲和力分析　抗体药物的靶向特异性体现在其可变区与靶抗原的特异性结合，一般采用 ELISA、流式细胞术和生物电阻抗法（BIA）等方法进行亲和力分析。ELISA 竞争法用于评价抗体药物的结合活性；流式细胞术通过测定抗体与表达抗原的靶细胞之间的结合阳性率，用于评价抗体与细胞表面抗原的结合活性；BIA 法通过实时、动态监测抗体与芯片表面固化的抗原之间的结合解离反应以获得抗体亲和力常数等动力学参数。

2. Fc 段效应分析　抗体 Fc 段通过和 Fc 受体结合，介导 ADCC、ADCP 等效应，通过与 C1q 结合介导 CDC 效应，通过与新生儿受体 FcRn 结合延长抗体在体内的半衰期。因此，可以通过测定抗体与相应受体结合力来间接反映其潜在的体内效应，也可以采用基于细胞的生物活性测定方法直接测定恒定区介导的效应功能。例如，采用报告基因法测定 ADCC 效应，采用补体和靶细胞共孵育的方法测定 CDC 效应。

五、生物学活性分析

抗体药物的生物学活性是抗体药物质量控制的重要指标。一般采用体外细胞法或动物模型法模拟抗体药物的体内作用机制，并通过和活性标准品的比较对其量效关系进行赋值评价。常用生物学活性测定方法有细胞增殖抑制法、细胞毒性法、补体依赖的细胞毒性法等。

书网融合……

本章小结　　　　微课　　　　拓展 3 - 1　　　　拓展 3 - 2　　　　拓展 3 - 3　　　　拓展 3 - 4

第四章 补体系统

学习目标

1. **掌握** 补体的组成；补体的性质；三条途径的异同；经典途径和 CDC 效应的关系。
2. **熟悉** 经典途径、补体的生物学效应。
3. **了解** 补体应用。

课前思考

1. 补体阳性样本放置于常温下，第二天却检测不到补体成分，为什么？应该如何保存样本？
2. 如何灭活补体，消除牛血清培养基中的补体成分对细胞实验造成干扰？
3. 肝脏损伤会影响免疫功能，为什么？
4. IgG 和五聚体 IgM，哪个激活补体的能力最强？为什么？
5. 补体激活过程中形成的大片段和小片段有哪些，哪些结合到细菌表面？哪些是游离的？分别有什么生物学功能？
6. CDC 效应指的是补体哪条激活途径？
7. 请谈一谈补体的两面性。

第一节 补体理论

补体（C）是存在于人和动物血清、组织液和细胞膜表面的一组经活化后具有酶活性的蛋白质，可介导一系列生物学效应。补体由 30 多种可溶性蛋白和膜结合蛋白组成，故称为补体系统。体内很多组织细胞均能合成补体，其中肝细胞和巨噬细胞是补体的主要产生细胞。

一、补体的组成和性质 微课 4-1

1. 补体的组成 按照生物学功能，可将补体分为三类，分别是补体固有成分、补体调节蛋白和补体受体（表 4-1）。

表 4-1 补体的组成

分类	特点	补体组分
固有成分	直接参与补体激活	经典途径：C1、C2、C3、C4、C5、C6、C7、C8、C9 旁路途径：B 因子、D 因子等 MBL 途径：MASP-1、MASP-2 等
调节蛋白	调控补体激活的强度和范围，可存在于血液或细胞膜表面	血液：H 因子、I 因子、P 因子、C1 抑制物、C4 结合蛋白 细胞膜表面：衰变加速因子、膜辅助蛋白、同源限制因子、膜反应性溶解抑制因子等
补体受体（CR）	存在于红细胞、巨噬细胞等细胞膜表面，能够和补体结合，介导多种生物学效应	CR1、CR2、CR3、CR4 等

2. 补体的性质 补体对热不稳定，经56℃孵育30分钟即灭活，室温下很快失活，冷藏条件下仅能保存3~4天，−20℃冷冻条件下可保存较长时间（图4−1）。此外，紫外线照射、机械振荡、盐酸、乙醇或某些添加剂均可能破坏补体。

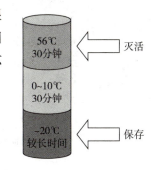

图4−1 补体的热稳定性

二、补体的激活 微课4−2

补体的激活有三条途径，分别为经典途径、旁路途径和MBL途径。

（一）三条途径的异同

1. 相同点 补体通过三条途径激活后，最终都形成了攻膜复合物（MAC），MAC通过在细胞膜上凿孔，导致细胞溶解；补体C5~C9组分是补体三条途径所共有的固有成分。

2. 不同点 三条途径的差异在于激活时间的早晚、激活物、参与激活的补体组分、免疫应答类型等方面。

（1）激活时间的早晚 在抗感染免疫过程中，最早被激活的是旁路途径，然后是MBL途径，最后才是经典途径。旁路途径和MBL途径主要参与早期抗感染免疫，经典途径参与晚期抗感染免疫。

（2）激活物 旁路途径的激活物有细菌细胞壁成分（脂多糖、肽聚糖、磷壁酸）、酵母多糖、右旋糖酐、植物多糖、眼镜蛇毒素、胰蛋白酶、凝聚的IgA和IgG_4、豚鼠的IgG和人的IgA、IgD、IgE等；MBL途径的激活物是甘露糖结合凝集素（MBL），是一种急性期会大量合成的蛋白；经典途径的激活物是抗原−抗体复合物，其中的抗体应为IgG_1、IgG_2、IgG_3或IgM（图4−2）。

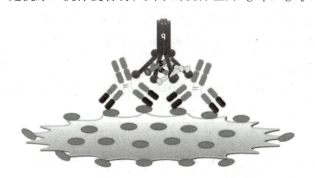
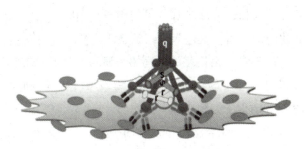

（a）IgG激活补体C1 （b）五聚体IgM激活补体C1

图4−2 经典途径的激活物

（3）参与激活的补体组分 参与旁路途径的补体组分有C3、C5~C9、B因子、D因子、P因子、H因子、I因子等，最先激活的是C3组分；参与MBL途径的补体组分有C2~C9、B因子、D因子等，MBL可激活MBL相关丝氨酸蛋白酶1或2（MBL associated serine protease，MASP1或MASP2）组分，MASP1可切割旁路途径的C3组分，类似于C3转化酶的功能，因此MBL途径可通过MASP1连接旁路途径；MASP2可切割C2和C4组分，类似于经典途径C1酯酶的功能，因此MBL途径可通过MASP2连接经典途径；参与经典途径的补体组分有C1、C2、C3、C4、C5~C9，最先激活的是C1组分（图4−3）。

（4）发挥的免疫应答类型 旁路途径和MBL途径发挥固有免疫应答的作用，而经典途径因为有抗体的参与，发挥特异性免疫应答的作用。

（二）经典途径 微课4−3

1. 经典途径特有的激活过程 抗体和细菌、细胞等抗原发生结合后，抗体的补体结合区域暴露，

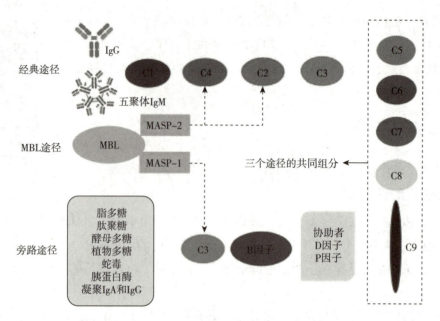

图4-3 补体三条途径参与激活的补体组分

使补体 C1 组分能够结合到抗体的补体结合区上，使补体 C1 组分被激活，生成 C1 酯酶；C1 酯酶切割 C4 组分，产生小片段 C4a 和大片段 C4b（图 4-4），小片段 C4a 释放入液相，大片段 C4b 附着在细胞表面。C2 组分被 C1 酯酶切割，产生小片段 C2b 和大片段 C2a（注：b 为大片段，a 为小片段，C2a 和 C2b 例外）（图 4-4），小片段 C2b 释放入液相，大片段 C2a 与附着在细胞表面的大片段 C4b 形成了经典途径的 C3 转化酶。C3 转化酶将 C3 组分切割成为小片段 C3a 和大片段 C3b（图 4-4），小片段 C3a 释放入液相，大片段 C3b 可与附着在细胞表面的 C3 转化酶发生结合，形成经典途径的 C5 转化酶。C5 转化酶形成后，就进入了三条激活途径的共同终末通路。

2. 三条激活途径的共同终末通路 是形成攻膜复合物（MAC），发挥溶解细菌或细胞的作用。具体过程如下：C5 转化酶将 C5 裂解成小片段 C5a 和大片段 C5b（图 4-4），小片段 C5a 释放入液相，大片段 C5b 结合于细胞表面，依次与 C6 组分、C7 组分结合为 C5b67 复合物，并插入细胞脂质双层膜中，然后与 C8 组分结合为 C5b678，最后与 12~15 个 C9 组分结合为 C5b6789 复合体，即 MAC，最后 MAC 会在细胞膜上凿孔，引起细胞溶解。

3. C1 C1 是一个多聚体复合物，由 C1q、C1r、C1s 组成（图 4-5）。补体激活过程中，C1q 和抗原-抗体复合物结合后被活化，然后 C1r 被活化，最后 C1s 被活化形成 C1 酯酶。C1q 仅能与 IgM-抗原复合物或 IgG-抗原复合物结合，且 C1q 分子必须同时与 2 个或 2 个以上抗体的补体结合区结合才能被激活。因 IgG 是单体，需要有 2 个或 2 个以上 IgG 才能激活 C1q，而五聚体 IgM 有多个补体结合位点，1 个 IgM 就能激活 C1q。

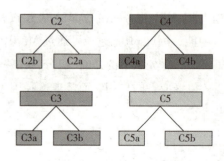

图4-4 补体组分和被切割后的补体片段

图4-5 补体 C1 的结构

4. 经典途径和 CDC 效应 CDC 效应即补体介导的细胞毒作用，补体经典激活途径的整个过程就是 CDC 效应的整个过程。CDC 效应是抗体药物发挥作用的武器之一，但抗体药物发挥 CDC 效应的前提是需要 C1q 和抗体的补体结合区域结合。在正常情况下，C1q 结合抗体的能力较弱，因此需要通过对抗体进行改造以增强 CDC 效应。

三、补体的生物学效应 🅔 微课 4-4

补体激活后具有多种生物学效应，主要包括两方面，一是 MAC 产生的溶解细胞效应，二是补体激活过程中产生的补体大片段如 C3b、C4b 和补体小片段如 C3a、C4a、C5a 所介导的生物学效应。

1. MAC 的生物学效应 补体激活后能够形成 MAC，导致细胞溶解。正常情况下，MAC 溶解细菌等病原微生物，发挥抗感染作用。异常情况下，MAC 溶解自身细胞，导致自身组织损伤，最终引起自身性疾病。

2. 补体大片段的生物学效应 补体大片段如 C3b、C4b 可以通过和巨噬细胞、红细胞等细胞膜上的补体受体结合，发挥调理作用、免疫黏附等作用。

（1）调理作用 即抗体或补体大片段如 C3b、C4b 促进吞噬细胞吞噬的作用。调理作用是机体抵御全身性细菌感染和真菌感染的主要机制之一。比如，补体大片段 C3b 可以如抗体一般结合到细菌等物质上，然后吞噬细胞通过其细胞膜上的补体受体 CR3 结合到 C3b 上，此时，C3b 连接了细菌等物质和吞噬细胞，吞噬细胞最终将细菌等物质吞噬掉（图 4-6）。

（2）免疫黏附作用 补体大片段如 C3b、C4b 可通过免疫黏附作用清除循环免疫复合物（CIC）。抗原和抗体形成的是免疫复合物（IC），而循环在血液里的免疫复合物就是 CIC，如果未被及时清除，将会沉积于自身组织上，沉积后的 CIC 可激活补体经典途径，形成的 MAC 会溶解自身组织，造成组织损伤。

补体大片段清除 CIC 的过程（图 4-7）：①补体大片段 C3b 等先黏附到 CIC 上；②C3b 再和红细胞膜上的补体受体结合，形成 CIC、C3b 和红细胞三者组成的结合物；③该复合物通过血流被转运至肝脏和脾脏，通过补体受体结合到巨噬细胞上；④红细胞释放出来，而 CIC 和 C3b 二者组成的结合物则被肝脏和脾脏内的吞噬细胞清除。红细胞数量巨大，是清除 CIC 的主要力量，此外，中性粒细胞、单核细胞等细胞膜上也存在补体受体，也能够和红细胞一样发挥清除 CIC 的作用。

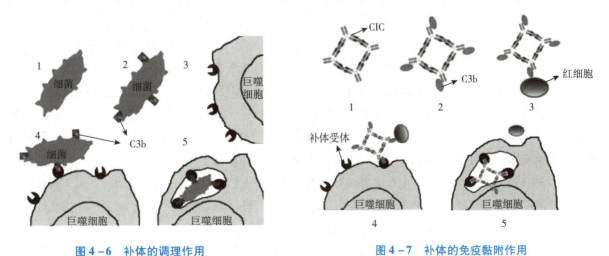

图 4-6 补体的调理作用   图 4-7 补体的免疫黏附作用

（3）补体小片段的生物学效应 补体激活过程中产生的小片段如 C2b、C3a、C4a 和 C5a 等具有炎症介质作用。由补体小片段介导的急性炎症反应在正常情况下仅发生于外来抗原侵入的局部。如，C2b

能够增加血管通透性，引起局部炎症充血和水肿；C3a、C5a 具有趋化因子活性，能趋化中性粒细胞、单核细胞和巨噬细胞等向炎症部位移行、聚集并发挥吞噬作用，增强炎症反应；C3a、C4a 和 C5a 可结合到肥大细胞、嗜碱性粒细胞的补体受体上，激发肥大细胞、嗜碱性粒细胞释放组胺、白三烯等过敏介质，引起过敏反应，故 C3a、C4a 和 C5a 亦称过敏毒素，其中 C5a 的作用最强。

第二节　补体应用

一、循环免疫复合物检测

CIC 检测可以用于风湿病、肿瘤和慢性感染等疾病的诊断、疗效的监测和病情的评估，因为这些疾病都伴随 CIC 的持续增高。补体固有成分 Clq 能和 CIC（IgG - 抗原免疫复合物或 IgM - 抗原免疫复合物）结合，以此建立 ELISA 等免疫检测法，用 Clq 来检测 CIC 含量。

二、补体检测和疾病诊断

（一）疾病诊断

正常情况下，机体内补体系统各成分含量相对稳定，适时、适度地被激活并受到精密调控。补体异常激活、单个补体组分含量的增加或减少常见于某些疾病，可用于疾病诊断。

（二）补体检测

补体检测包括两种，一种是检测补体活性，另一种是检测单个补体组分含量。为得到正确的补体检测结果，必须注意待测样本的保存方式，同时要避免反复冻融。

1. 血清总补体活性检测　血清总补体活性增高或降低多见于先天性补体缺陷症、急性炎症、肿瘤、类风湿关节炎、系统性红斑狼疮、肝炎、肝硬化、肾炎、肾病综合征等疾病。人血清总补体活性检测采用的方法是补体经典途径的溶血活性（CH_{50}）和补体旁路途径的溶血活性（AH_{50}）。除此之外，基于抗原抗体结合反应的人、小鼠等血清总补体（CH_{50}）ELISA 检测试剂盒已被用于总补体活性检测，但目前尚未应用于临床疾病诊断。

（1）补体经典途径的活性（CH_{50}）测定　补体经典途径激活形成的 MAC 可以溶解细胞。绵羊红细胞（SRBC）和抗红细胞抗体（溶血素）结合形成的致敏绵羊红细胞（抗原 - 抗体复合物），然后加入不同稀释度的血清，前面形成的致敏绵羊红细胞（抗原 - 抗体复合物）可激活血清中的补体，通过经典途径形成 MAC 溶解绵羊红细胞。溶血率与血清补体活性在一定范围内呈正相关，使 50% 绵羊红细胞溶解的血清稀释度即为 CH_{50} 值。由于抗体复合物激活的是补体经典途径，补体 C1 ~ C9 任何一种组分异常都可使经典途径的溶血活性降低，所以此实验反映了总补体活性。

（2）补体旁路途径的活性（AH_{50}）测定　补体 C3、P 因子、D 因子、B 因子和 C5 ~ C9 等任何一种成分异常都可使旁路途径的溶血活性降低，所以此实验也反映了总补体活性。溶血率与补体活性呈正相关，使 50% 兔红细胞溶解的血清稀释度即为 AH_{50} 值。

（3）溶血试验　抗原抗体结合后激活补体最终溶解红细胞产生溶血现象的试验，溶血现象肉眼可见，被广泛用于血清总补体活性测定及补体中各成分（如 C4、B 因子等）功能活性的检测。

2. 单个补体组分含量检测

（1）临床意义　体内 C3、C4、C1q、B 因子、D 因子等单个补体组分含量异常和疾病有关，这些组分的检测可用于疾病诊断、疗效观察和预后监测（表4-2）。

表4-2 单个补体组分的临床意义

补体组分	含量变化	临床意义
C3	升高	常见于肿瘤患者，尤以肝癌显著，另外可能见于机体组织损伤和急性炎症等
	减少	常见于免疫复合物引起的肾炎、系统性红斑狼疮、反复性感染、皮疹、肝炎、肝硬化、关节疼痛等
C4	升高	常见于风湿热的急性期、结节性动脉周围炎、皮肌炎、心肌梗死、赖特（Reiter's）综合征和各种类型的多发性关节炎
	减少	常见于自身免疫性慢性活动性肝炎、系统性红斑狼疮（SLE）、多发性硬化症、类风湿关节炎、IgA肾病
C1q	升高	常见于老年性肌肉萎缩，阿尔茨海默病、动脉粥样硬化、肺炎支原体肺炎等
	减少	常见于急性肾小球肾炎、系统性红斑狼疮及狼疮性肾炎、补体C1q肾病、类风湿急性期、重症子痫前期
B因子	升高	常见于恶性肿瘤等
	减少	常见于自身免疫性溶血性贫血、肝硬化、慢性活动性肝炎、急性肾小球肾炎等
D因子	异常	可有效诊断先兆子痫，降低不良妊娠风险

（2）单个补体组分含量检测方法 对于单个补体组分含量检测采取的是基于抗原抗体结合反应的免疫学检测方法，如免疫比浊法、免疫扩散法、火箭电泳（电泳免疫扩散）等。目前，基于免疫比浊法，已上市了大量针对人补体 C3、C4、C1q 和 B 因子的免疫检测试剂盒，针对 H 因子（免疫比浊法或胶体金免疫层析法）和 D 因子（胶体金免疫层析法）的免疫检测试剂盒较少。

三、补体药物和疾病治疗

1. 补体疾病的治疗策略 一是用补体调节蛋白控制补体激活；二是用阻断性抗体和补体固有成分结合，抑制补体激活，或者和补体片段结合，阻断补体片段介导的生物学效应；三是用补体受体拮抗剂阻断细胞膜表面补体受体，使其不能与补体片段结合，从而阻断相应的生物学效应。

2. 已上市的补体药物 补体系统极为复杂，补体药物研发壁垒高。目前已上市的治疗药物只有 4 个，分别是单克隆抗体药物——C5 抑制剂依库珠单抗 Soliris（Eculizumab）和雷夫利珠单抗 Ultomiris（Ravulizumab）、多肽药物——补体 C3 抑制剂 Pegcetagoplan（Empaveli）和补体 C1 酯酶抑制剂 Cinryze。

（1）补体药物的靶点 主要集中在经典途径上。依库珠单抗 Soliris（Eculizumab）和雷夫利珠单抗 Ultomiris（Ravulizumab）是人源化单克隆抗体药物，可与补体 C5 组分结合，防止其裂解为 C5a 和 C5b，从而抑制 C5a 介导的过敏反应和 MAC 的形成。FDA 批准在多种适应证上使用，可用于阵发性睡眠性血红蛋白尿症（PNH）、非典型溶血性尿毒症（aHUS）、视神经脊髓炎光谱障碍（NMOSD）、全身型重症肌无力（gMG）等罕见病的治疗，两款抗体药物年销售额已超过 50 亿美元。

（2）补体 C3 抑制剂 补体 C3 抑制剂 Pegcetagoplan（Empaveli）是一种环肽药物，由 13 个氨基酸组成，聚乙二醇修饰以延长半衰期，抑制补体 C3 组分，可用于治疗阵发性睡眠性血红蛋白尿症（PNH）。C1 酯酶抑制剂 Cinryze 是美国首个和目前唯一帮助 6 岁儿科遗传性血管水肿（HAE）患者预防血管性水肿发作的疗法。

书网融合……

本章小结　　　　微课4-1　　　　微课4-2　　　　微课4-3　　　　微课4-4

第五章　细胞因子

1. 掌握　细胞因子种类；细胞因子受体。

2. 熟悉　细胞因子特性。

3. 了解　细胞因子应用。

课前思考

1. 谈一谈细胞因子的两面性。

2. 什么是细胞因子风暴？细胞因子风暴如何加速新冠病毒感染患者病情的？

3. 阻碍细胞因子药物开发的因素有哪些？

第一节　细胞因子理论　微课

一、细胞因子特性

细胞因子（CK）是由机体多种细胞分泌的小分子蛋白质，通过和细胞表面不同的细胞因子受体结合来发挥生物学作用，细胞因子种类繁多，生物学活性广泛，但它们均具有以下特点。

1. 细胞因子的理化性质　大多数细胞因子为糖蛋白，分子量小，一般为 10～25kDa，有的 8～10kDa；大多数细胞因子无明显同源性，动物细胞因子和人细胞因子具有一定同源性；大多数细胞因子以单体形式存在，少数细胞因子以二聚体、三聚体或四聚体等形式存在。

2. 细胞因子的表达　细胞因子一般无前体状态的储存，细胞受刺激后短暂表达，且半衰期极短。一种细胞因子可由多种细胞表达，一种细胞可表达多种细胞因子。

3. 细胞因子的作用方式　多数细胞因子以自分泌或旁分泌的方式作用于自身细胞或邻近细胞，发挥生物学功能；少数细胞因子在一定条件下以内分泌的方式作用于远端细胞，介导全身性反应（图 5-1）。

4. 细胞因子的作用特点

（1）高效性　细胞因子在极微量水平（pmol/L）即可发挥明显的生物学功能。

（2）多效性　一种细胞因子可以作用于不同的靶细胞，表现不同的生物学效应。

（3）重叠性　多种细胞因子可作用于同一种靶细胞，产生相似或相同的生物学效应。

（4）双向性　细胞因子具有生理和病理的双重作用。一方面，细胞因子发挥抗病毒、抗肿瘤等重要的生理学作用；另一方面，过量的细胞因子可引起病理损伤。

（5）协同性　指一种细胞因子可强化另一种细胞因子的功能，如低浓度的两种细胞因子单独应用均不能激活巨噬细胞，但联合使用则有显著激活作用。

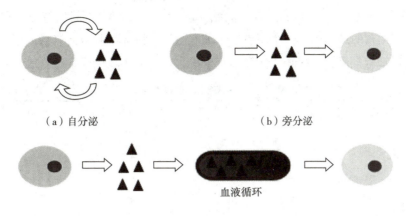

（a）自分泌　　　　　　　　（b）旁分泌

血液循环

（c）内分泌

图 5 - 1　自分泌、旁分泌、内分泌作用方式

（6）拮抗性　指不同细胞因子对同一靶细胞的作用可相互拮抗，如一种细胞因子促进巨噬细胞的功能，而另一种细胞因子抑制巨噬细胞的功能。

（7）网络性　细胞因子的作用不是孤立的，多种细胞因子相互影响形成正向或负向调节网络。

二、细胞因子种类

细胞因子种类繁多，根据功能，将细胞因子粗略分为白细胞介素、干扰素、肿瘤坏死因子、集落刺激因子、生长因子和趋化因子 6 大类（表 5 - 1）。

表 5 - 1　细胞因子的种类

细胞因子名称	简称	分类
白细胞介素	IL	IL - 1 ~ IL - 35
干扰素	IFN	IFN - α、IFN - β、IFN - γ
肿瘤坏死因子	TNF	TNF - α、TNF - β
集落刺激因子	CSF	SCF、M - CSF、G - CSF、GM - CSF、EPO、TPO 等
生长因子	GF	TGF - β、EGF、VEGF、FGF、NGF、PDGF 等
趋化因子	–	CC、CXC、C、CX3C 亚家族

1. 白细胞介素（IL）　IL 最初发现是由白细胞产生的，在白细胞之间发挥作用，因此而得名，后来研究发现，它们的产生细胞和作用细胞并非局限于白细胞。迄今为止，已发现 30 多种白细胞介素（IL - 1 ~ IL - 35），按发现顺序编号。白细胞介素具有多种生物学功能，如 IL - 12 等促进细胞免疫，IL - 4 等促进体液免疫，IL - 8、IL - 16 等参与炎症反应。

2. 干扰素（IFN）　IFN 具有干扰病毒感染和复制的能力，因此得名，可分为 IFN - α、IFN - β、IFN - γ 三类，主要发挥抗病毒、抗肿瘤和免疫调节作用。IFN - α、IFN - β 由白细胞、成纤维细胞和病毒感染细胞产生，被称为 Ⅰ 型干扰素，抗病毒作用优于免疫调节作用。IFN - γ 由活化 T 细胞和 NK 细胞产生，被称为 Ⅱ 型干扰素，免疫调节作用优于抗病毒作用。干扰素的作用具有种属特异性，导致应用受限。

3. 肿瘤坏死因子（TNF）　TNF 是一类能引起肿瘤组织出血坏死的细胞因子，可分为 TNF - α 和 TNF - β 两类，TNF - β 又称为淋巴毒素，两类 TNF 的生物学功能大致相同，发挥抗肿瘤、抗感染、免疫调节等作用，也能诱发炎症。

4. 集落刺激因子（CSF） CSF 是指能够刺激多能造血干细胞和不同发育分化阶段造血干细胞增殖、分化并形成细胞集落的细胞因子。主要包括干细胞因子、巨噬细胞集落刺激因子、粒细胞集落刺激因子、粒细胞－巨噬细胞集落刺激因子、促红细胞生成素、促血小板生成素等（表5－2）。

表5－2 集落刺激因子的种类

集落刺激因子名称	简称
粒细胞集落刺激因子	G－CSF
巨噬细胞集落刺激因子	M－CSF
粒细胞－巨噬细胞集落刺激因子	GM－CSF
干细胞因子	SCF
促红细胞生成素	EPO
促血小板生成素	TPO

5. 生长因子（GF） GF 是能够刺激细胞生长的细胞因子，主要包括转化生长因子β、表皮生长因子、血管内皮生长因子、成纤维细胞生长因子、神经生长因子、血小板衍生的生长因子等（表5－3）。

表5－3 生长因子的种类

生长名称	简称
转化生长因子β	TGF－β
表皮生长因子	EGF
血管内皮生长因子	VEGF
成纤维细胞生长因子	FGF
神经生长因子	NGF
血小板衍生的生长因子	PDGF

6. 趋化因子 一类对不同靶细胞具有趋化作用的细胞因子家族，已发现50多种，可分为 CC、CXC、C、CX3C 四个亚家族，包括单核细胞趋化蛋白（MCP）、IL－8、CXCL－1～CXCL－16、CCL1～CCL28、XCL1～XCL2 等。

三、细胞因子受体

细胞因子需要和细胞表面的膜细胞因子受体（CKR）结合才能发挥相应的生物学作用，细胞因子受体多为蛋白质，以跨膜蛋白形式存在于细胞膜上，有些细胞因子受体以可溶性形式存在于体液中，被称为可溶性细胞因子受体（sCKR）（图5－2）。目前，将细胞因子受体分为5个家族。

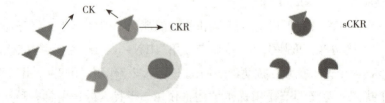

图5－2 膜细胞因子受体（CKR）和可溶性细胞因子受体（sCKR）

1. 免疫球蛋白超家族受体 主要成员有 IL－1R 和集落刺激因子受体。

2. 造血生长因子受体家族 大多数细胞因子受体属于这一类，如 IL－2R 等。

3. 干扰素受体家族　包括 IFN - αR、IFN - βR 等。

4. 神经生长因子受体超家族　包括 TNFR、NGFR、Fas 蛋白和 CD40 等。

5. 趋化因子受体家族　包括 CCR1 ~ 11、CXCR1 ~ 6、XCR1 等。

第二节　细胞因子应用

一、细胞因子检测

检测细胞因子的方法主要有生物学、免疫学和分子生物学测定法。生物学测定法可检测细胞因子生物学活性，其结果以活性单位（U/ml）表示，免疫学测定法可检测细胞因子含量，其结果以 ng/ml 或 pg/ml 表示，分子生物学测定法可检测细胞因子 DNA 和 mRNA 水平。

1. 生物学测定法　需要已知活性的细胞因子标准品作为对照。根据指示系统如细胞增殖、死亡或分泌蛋白等来指示细胞因子的活性，主要包括细胞增殖测定法、靶细胞杀伤测定法、细胞病变测定法、趋化活性测定法等。

（1）细胞增殖测定法　主要用于检测白细胞介素。该法是利用某一细胞因子可促进指示细胞分裂、增殖的特性而建立的，通过细胞涂片染色镜检、噻唑蓝（MTT）比色法等方法检测细胞增殖，细胞增殖程度和细胞因子活性成正比。

（2）靶细胞杀伤测定法　主要用于检测肿瘤坏死因子（TNF）。该法将指示细胞和不同稀释度的标准品或待测样品共同培养一段时间后检测细胞毒性反应，细胞毒性反应程度和 TNF 活性成正比。

（3）细胞病变测定法　主要用于检测干扰素（IFN）。该法将指示细胞、病毒和不同稀释度的标准品或待测样品共同培养一段时间后检测细胞病变，细胞病变程度和 IFN 活性成反比。

（4）趋化活性测定法　主要用于检测趋化因子。以 Boyden 小室法最为常用，Boyden 由上、下两室组成，两室间有一层硝酸纤维素膜，上室加入细胞，下室加入趋化因子，趋化因子在膜两侧形成浓度梯度，细胞在趋化因子作用下向下室迁移，根据迁移细胞的类型和数量判断趋化因子的活性和性质。

2. 免疫学测定法　需要已知含量的细胞因子标准品作为对照。根据细胞因子是蛋白质或多肽的化学性质，可制备相应抗体，利用抗原抗体反应检测细胞因子，由于细胞因子含量很低，常规免疫检测技术的敏感度达不到要求，需采用基于生物素、荧光素等标记抗体的免疫检测技术，如生物素 - 亲和素双抗体夹心 ELISA 法、抗体芯片技术、流式细胞技术等。

二、细胞因子受体检测

1. 膜细胞因子受体测定　可采用常规免疫组化法、流式细胞技术等免疫学检测技术或活细胞吸收试验等。活细胞吸收试验是将过量待测细胞和限量细胞因子共同孵育，通过检测孵育前后细胞因子活性，可推测待测细胞表面受体的表达情况。

2. 可溶性细胞因子受体测定　根据细胞因子受体是蛋白质或多肽的化学性质，可制备相应抗体，利用抗原抗体反应检测细胞因子受体，常用生物素 - 亲和素双抗体夹心 ELISA 法等。

3. 细胞因子和受体测定的意义　检测细胞因子和受体可了解免疫细胞的免疫功能。体内细胞因子或受体的检测常用于各种疾病的辅助诊断，如白细胞介素 2（IL - 2）升高可见于肿瘤、心血管病、肝病、移植排斥反应等，可溶性白细胞介素 2 受体（SIL - 2R）升高可见于白血病、肿瘤、艾滋病、病毒感染性疾病、器官移植排斥反应、自身免疫性疾病等；体外细胞因子或受体的检测常用于科学研究。

三、细胞因子疗法

重组细胞因子已经用于多种疾病的治疗。例如，IFN - α 用于治疗慢性肝炎，GM - CSF 和 G - CSF 用于治疗各种粒细胞减少症，EPO 用于治疗贫血，成纤维细胞生长因子用于烧伤、慢性和新鲜创面的治疗。

1. 干扰素药物 已成为治疗慢性肝炎的首选药物。1992 年 FDA 批准 IFNα - 2b 治疗急性或慢性丙型肝炎，但半衰期短，需要频繁给药。2000 年和 2002 年 FDA 批准 PEG 修饰的 IFNα - 2b（PEG - IFNα - 2b）和 PEG 修饰的 IFNα - 2a（PEG - IFNα - 2a），用于丙型肝炎的治疗，PEG - IFN 又称为长效 IFN，半衰期长，可减少给药频率。PEG - IFN 的活性受 PEG 分子量及 PEG 和干扰素结合位点的影响，PEG 分子量越大，PEG - IFNα - 2b 半衰期越长，但抗病毒活性越低。选择 12kDa 的 PEG，可兼顾半衰期和抗病毒活性。PEG - IFNα - 2a 除了具有和 PEG - IFNα - 2b 一样的优势，另一优势是降低免疫原性，未修饰的 IFNα - 2a 有免疫原性反应，而线性 PEG 修饰的 IFNα - 2a（5kDa）可减少免疫原性反应，分支状 PEG 修饰的 IFNα - 2a（40kDa）几乎无免疫原性反应。PEG - IFNα - 2b 和 PEG - IFNα - 2a 的临床应用为 PEG 修饰剂的选择原则提供了新的参考依据，修饰剂的具体选择需要综合考虑被修饰药物特点和适应证特点。

2. 红细胞生成素药物 EPO 是肾脏分泌的一种酸性糖蛋白，含有 4 个糖基化位点，分子量约 30.4kDa，属于生长因子，主要作用是促进骨髓红细胞增殖、分化、成熟。重组 EPO 药物主要用于治疗贫血，无糖基化修饰的重组 EPO 几乎无生物学活性，因此需采用真核细胞表达系统用于重组糖基化蛋白的生产，首选 CHO 细胞表达系统。第一代为短效 EPO 药物，半衰期较短，一般每周给药 1~3 次，上市药物有 Epogen（1989 上市）、NeoRecormon（1997 上市）、Eprex（1999 上市）、Dynepo（2002 上市）等；第二代为长效 EPO 药物，通过增加糖基化位点、PEG 修饰、构建融合蛋白等方法延长半衰期，半衰期是短效 EPO 的三倍，给药频率明显降低，上市药物有 NESP（2001 上市）、CERA（2007 上市）等；第三代为 EPO 生物类似物，上市药物有 Omontys（2012 上市）等，Omontys 由一小段二聚肽和聚乙二醇分子连接而成，半衰期 48 小时，介于长效 EPO 药物 NESP 和 CERA 之间，制造成本相对较低且制造工艺更为简单。

3. 成纤维细胞生长因子药物 FGF 是一个生长因子大家族。碱性成纤维细胞生长因子（bFGF）是一种单链非糖基化蛋白质，可用大肠埃希菌表达系统生产，1996 年重组牛 bFGF 药物获得 NMPA 批准，主要用于烧伤、慢性和新鲜创面的治疗；2002 年重组人 bFGF（rh - bFGF）药物获得 NMPA 批准，主要用于烧伤、慢性和新鲜创面的治疗。2006 年重组人酸性成纤维细胞生长因子（rh - aFGF）药物获得 NMPA 批准，商品名"艾夫吉夫"，主要用于深 II 度烧伤和慢性溃疡创伤的治疗。

四、细胞因子阻断疗法

细胞因子阻断疗法是一种通过抑制细胞因子产生、阻止细胞因子和细胞因子受体结合、阻断结合信号转导、抑制细胞因子发挥生物学效应的治疗方法。包括 TNF - α 抗体，重组可溶性 I 型 TNF 受体、重组可溶性 IL - 1 受体、IL - 1 受体拮抗剂等。

肿瘤坏死因子抑制剂是一种 TNF - α 抗体。据研究报道，在强直性脊柱炎、类风湿关节炎等自身免疫性疾病患者的体内 TNF - α 过量表达。TNF - α 抗体可中和可溶性 TNF - α 或阻断 TNF - α 受体与

TNF-α结合，能迅速减轻症状并抑制患者体内 TNF-α 过量表达，从而降低患者体内炎性指标，与传统药物相比，起效快、药力强，具有较高的应用价值。目前临床使用的 TNF-α 抑制剂主要有依那西普、阿达木单抗、戈利木单抗、英夫利昔单抗和赛妥珠单抗等。依那西普不同其他 4 种抗 TNF-α 抗体药物，它是一种 Fc 融合的 TNF 抑制剂，是利用基因工程等技术将 TNF-α 抑制剂和抗体的 Fc 段融合而产生的一种新型蛋白，融合的 Fc 段可延长药物半衰期。

书网融合……

本章小结　　　　微课　　　　拓展 5-1　　　　拓展 5-2

第六章　抗　原

学习目标

1. **掌握** 抗原概念；抗原两大基本特性；抗原分类；影响抗原特异性和抗原免疫原性的因素。
2. **熟悉** 抗原制备。
3. **了解** 抗原应用。

课前思考 -

1. 青霉素能够引起过敏反应，那么它是抗原吗？

2. 开发一种用于检测吗啡的免疫检测试剂盒，其中需要原料"吗啡抗体"，如何获得？

3. 青霉素是如何引起过敏的？

4. T 细胞表位和 B 细胞表位是线性表位还是构象表位？位于抗原表面还是抗原内部？蛋白类抗原完全变性后，线性表位或构象表位是否还存在？

5. 艾滋病疫苗研发为何如此艰难？

6. SARS - CoV - 2 血清抗体检测可受其他亚型的冠状病毒影响，从而造成检测结果的假阳性，请解释原因。

7. 如果要特异性检测出新冠病毒抗原，应选择针对哪种抗原决定簇的单克隆抗体？如何解决单克隆抗体反应性小的问题？

8. 我们注射了新冠疫苗后，若新冠病毒发生变异，疫苗还会有保护效力吗？为什么？

9. 有一个学生，她想获得更多的抗体，于是，她在免疫动物时注射了大量的抗原，请问，她能得到抗体吗？为什么？

10. 对于疫苗和治疗性蛋白药物来说，免疫原性高好还是低好？

11. 想知道体内是否有肿瘤，检测哪种抗原比较好？想知道得了哪种肿瘤，检测哪种抗原比较好？

12. 如何检测体内 T、B 细胞的功能？

- -

第一节　抗原概述　微课 6 - 1

一、抗原的概念

抗原简称 Ag，能和抗体发生特异性结合反应，能诱导机体产生体液免疫应答、细胞免疫应答、超敏反应或免疫耐受。当描述它能和抗体发生特异性结合反应时，称其为抗原；当描述它能诱导机体产生体液免疫应答或细胞免疫应答时，称其为免疫原；当描述它能诱导机体产生超敏反应时，称其为变应原；当描述它能诱导机体产生免疫耐受时，称其为耐受原。

二、抗原的两大基本特性

1. 免疫原性 指能够刺激机体产生特异性抗体或致敏淋巴细胞等免疫应答产物的特性。

2. 免疫反应性 指能够和抗体或致敏淋巴细胞等免疫应答产物发生特异性结合的特性。

三、抗原的分类

1. 完全抗原和半抗原 完全抗原既有免疫原性，也有免疫反应性，主要成分为蛋白质；半抗原没有免疫原性，只有免疫反应性，如吗啡、青霉素等小分子物质，半抗原自身不能刺激机体产生抗体，当半抗原和载体蛋白结合后，就可以刺激机体产生既针对半抗原又针对载体蛋白的抗体（图6-1）。

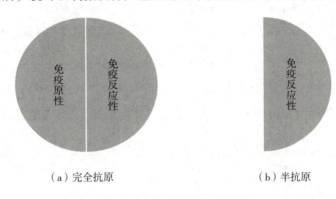

（a）完全抗原 （b）半抗原

图6-1　完全抗原和半抗原

2. 胸腺依赖性抗原（TD-Ag）和胸腺非依赖性抗原（TI-Ag） TD-Ag是含蛋白成分的天然抗原，绝大多数抗原都是TD-Ag，含有T细胞表位和B细胞表位，可诱导机体产生细胞免疫应答或体液免疫应答，刺激B_2细胞产生抗体需要T细胞辅助，可以诱导产生多种抗体，抗体亲和力高，有免疫记忆，可诱导再次免疫应答；TI-Ag结构简单，往往由相同B细胞表位重复排列而成，如荚膜多糖、细菌脂多糖等，只能诱导机体产生体液免疫应答，但这种抗原可直接刺激B_1细胞产生抗体，只能诱导产生IgM抗体，抗体亲和力低，无免疫记忆，不能诱导再次免疫应答（表6-1）。

表6-1　胸腺依赖性抗原（TD-Ag）和胸腺非依赖性抗原（TI-Ag）

特点	胸腺依赖性抗原（TD-Ag）	胸腺非依赖性抗原（TI-Ag）
抗原类型	微生物、疫苗、蛋白等	荚膜多糖、细菌脂多糖等
B细胞启动免疫应答是否需要T细胞辅助	需要	不需要
含有的抗原表位	T细胞表位、B细胞表位	B细胞表位
启动的免疫应答	细胞免疫应答或体液免疫应答	体液免疫应答
产生的抗体种类	IgM、IgG、IgA、IgD等	IgM
产生的抗体亲和力	高	低
免疫记忆	有	无
诱导再次免疫应答	能	不能

3. 内源性抗原和外源性抗原 内源性抗原是位于细胞内的抗原，如细胞内的病毒抗原、肿瘤抗原等；外源性抗原是位于细胞外的抗原，如细胞外细菌、病毒等。

4. 异种抗原、同种异型抗原和自身抗原 异种抗原是指与宿主不是同一种属的抗原，通常情况下，异种抗原的免疫原性较强，容易引起较强的免疫应答，如病原微生物、细菌外毒素和类毒素、抗毒素、异嗜性抗原等；同种异型抗原是指同个种属不同个体间的抗原，如人 ABO 和 Rh 血型抗原、主要组织相容性抗原等，免疫原性没有异种抗原那么强，但也能引起免疫应答；自身抗原是指能够诱导自身免疫应答，引起自身免疫病的抗原。如机体受到外伤或感染等刺激后暴露的精子、眼球晶状体蛋白等自身隐蔽抗原、变异的自身蛋白、肿瘤抗原等。

5. 超抗原（SAg） 少量超抗原就可活化大量 T 细胞，因其不受 MHC 分子的限制，可以直接活化 T 细胞（表 6-2）。

表 6-2 超抗原和普通抗原的比较

特点	超抗原	普通抗原
抗原种类	细菌外毒素、反转录病毒蛋白	蛋白质、多糖
免疫应答	可直接激活 T 细胞	需经抗原提呈才能激活 T 细胞
主要参与细胞	CD4 阳性 T 细胞	T 细胞、B 细胞

6. 丝裂原 又称有丝分裂原，无需抗原提呈，与 T、B 细胞表面的有丝分裂原受体结合，可非特异性激活 T、B 细胞，使其进行有丝分裂。这一性质被用于体外检测 T、B 细胞免疫应答能力（表 6-3）。

表 6-3 刺激 T、B 细胞有丝分裂的重要丝裂原

丝裂原	人 T 细胞	人 B 细胞	小鼠 T 细胞	小鼠 B 细胞
刀豆蛋白 A	+	-	+	-
植物血凝素	+	-	+	-
葡萄球菌 A 蛋白	-	+	-	-
脂多糖	-	-	-	+

第二节　影响抗原特异性的因素 微课 6-2

一、抗原特异性

特异性是免疫应答最重要的特性，也是免疫学检测和免疫学防治的理论依据。抗原特异性表现在两方面，一是抗原只能激活特异性的淋巴细胞，产生特异性的抗体和效应淋巴细胞，二是抗原只能与特异性的抗体和效应淋巴细胞发生结合反应。

二、抗原决定簇

科学小故事

卡尔·兰德斯坦纳——发现人红细胞血型

1900 年，兰德斯坦纳在维也纳病理研究所工作时，发现了甲者的血清有时会与乙者的红血球凝结的现象。这一现象当时并没有得到医学界足够的重视，但它的存在对患者的生命是一个非

常严重的威胁。兰德斯坦纳对这个问题却非常感兴趣，并开始了认真、系统的研究。

经过长期的思考，兰德斯坦纳认为，可能是输血者的血液与受血者的血液混合后产生了病理变化，从而导致受血者死亡。于是他将22人的血液进行交叉混合，发现混合后有些会发生凝集现象，有些不发生凝集现象，将实验结果编写在一个表格中，仔细观察后，他把血型分成A、B、O三种类型，不同血型的血液混合后会发生凝血、溶血现象，这种现象如果发生在人体内，就会危及生命。兰德斯坦纳找到了以往输血失败的主要原因，为安全输血提供了理论指导。1930年，卡尔·兰德斯坦纳因发现了A、B、O血型而获得诺贝尔医学或生理学奖。

1. 抗原决定簇 又称抗原表位。决定抗原特异性的不是整个抗原，而是抗原上的一些特殊化学基团，这些特殊化学基团能和抗体发生特异性结合或被 TCR、BCR 识别并结合，称为抗原表位。抗原表位通常由 5~17 个氨基酸残基或 5~7 个多糖残基（或核苷酸）组成，抗原表位的性质、数目、位置和空间构象决定了抗原特异性（图 6-2）。完全抗原含有多种或多个抗原表位，可以与多个抗体结合，是多价抗原。半抗原相当于一个抗原表位，只能与一个抗体结合，是单价抗原。

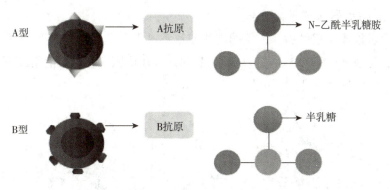

图 6-2 A、B 血型抗原决定簇

2. 顺序表位和构象表位 顺序表位又称线性表位，是由连续排列的氨基酸或多糖残基组成的抗原表位；构象表位又称非线性表位，是由不连续排列的氨基酸或多糖残基组成的抗原表位，需要形成一定的空间构象（图 6-3）。

图 6-3 构象表位（左）和线性表位（右）

3. T 细胞表位和 B 细胞表位 T 细胞表位是指需要通过抗原提呈细胞加工和提呈，才能被 TCR 识别并结合的抗原表位；B 细胞表位是指可以直接被 BCR 识别并结合的抗原表位。大多数抗原都有 T、B 细胞表位，少数抗原如多糖类抗原只有 B 细胞表位（图 6-4）。

4. 功能表位和隐蔽表位 功能表位暴露在抗原表面，能够和 T、B 细胞接触，从而启动免疫应答；隐蔽表位是指隐蔽在抗原内部，无法和 T、B 细胞接触，也就无法启动免疫应答，但当这些隐蔽表位暴

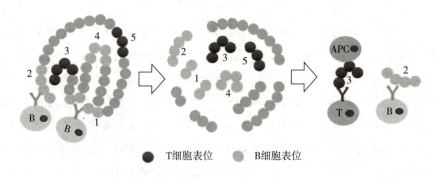

图 6 – 4 T 细胞表位和 B 细胞表位

露后，能够和 T、B 细胞接触，就可启动免疫应答。

5. 共同抗原表位 指不同抗原之间存在的相同或相似抗原表位。

三、交叉反应

1. 共同抗原 含有共同抗原表位的不同抗原，如溶血型链球菌和人肾小球肾炎基底膜，人一旦感染溶血型链球菌，就会导致肾小球肾炎的发生。

2. 交叉反应 一种抗原不仅可与其诱生的抗体或致敏淋巴细胞反应，还可与另一种抗原诱生的抗体或致敏淋巴细胞反应。交叉反应是由共同抗原引起的，是在抗原表位相似的情况下发生的，由于两者并不完全吻合，故一般结合力较弱，亲和力较低（图 6 – 5）。

图 6 – 5 共同抗原引起的交叉反应

第三节 影响抗原免疫原性的因素

影响抗原免疫原性的因素包括三方面，即抗原因素、宿主因素和免疫方法。

一、抗原因素

影响抗原免疫原性的因素包括异物性、分子量、化学结构、化学组成、易接近性和物理状态等。

1. 异物性 是产生免疫应答的决定因素。一般来说，抗原与机体之间的亲缘关系越远，组织结构差异越大，异物性就越强，其免疫原性也就越强。除了病原微生物、动物蛋白制剂、移植器官等，自身成分也可以成为抗原，如因外伤逸出的自身隐蔽成分眼球晶状体蛋白、脑组织、精子等，发生改变的自身成分。

2. 分子量 一般分子量越大，免疫原性越强，分子量小于 4kDa 者一般无免疫原性。

3. 化学结构 一般化学结构越复杂免疫原性越强。在氨基酸组成上，一般含芳香族氨基酸尤其是酪氨酸，免疫原性较强。在结构上，一般环状结构免疫原性较强，直链结构免疫原性较弱，如明胶的分子量 100kDa，而胰岛素的分子量只有 5.7kDa，但胰岛素的免疫原性要大于明胶，原因在于明胶分子结构简单，多为直链结构，而胰岛素分子结构复杂，多为环状结构。

4. 化学组成 包括脂蛋白、糖蛋白和核蛋白等的蛋白质具有较强的免疫原性，小分子多肽和多糖免疫原性较蛋白质弱，单纯的脂肪和核酸几乎无免疫原性。

5. 易接近性 抗原上的抗原决定簇和淋巴细胞相互接触的难易程度，当抗原决定簇位于抗原外部时，容易被淋巴细胞接触到，就容易启动免疫应答；当抗原决定簇位于抗原内部时，内部间隙大，也可以被淋巴细胞接触到，也能够启动免疫应答；当抗原决定簇位于抗原内部时，内部间隙小，此时不能够被淋巴细胞接触到，不能启动免疫应答（图 6-6）。

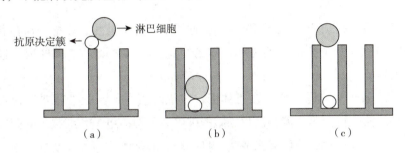

图 6-6 抗原决定簇的易接近性

（a）抗原决定簇位于抗原外部；（b）抗原决定簇位于抗原内部，内部间隙大；（c）抗原决定簇位于抗原内部，内部间隙小

6. 物理状态 一般聚合状态强于单体状态，颗粒性抗原强于可溶性抗原。

二、宿主因素

抗原免疫原性受到遗传、年龄、性别、生理状态、个体差异等诸多因素的影响。

1. 遗传因素 不同动物对相同抗原的免疫应答强弱有很大差别，同种动物不同品系及不同个体对相同抗原的免疫应答强弱也有差别。如，哺乳动物对破伤风抗毒素敏感，而两栖类不敏感。

2. 年龄、性别和健康状态 年龄、性别和健康状态都能影响免疫应答，一般青壮年、雌性动物、健康个体产生的免疫应答强。

三、免疫方法 🔵 微课6-4

1. 抗原剂量 剂量要适宜，剂量不足或过多均不引起免疫应答。

2. 接种次数 一般适当间隔的重复接种，可引起强烈的免疫应答。

3. 进入机体的途径 一般皮内注射 > 皮下注射 > 肌内注射 > 静脉注射 > 口服，口服途径易于诱导免疫耐受。

4. 免疫佐剂 是一种非特异性免疫增强剂，和抗原一起或预先注入宿主，能增强免疫应答或改变免疫应答类型。

（1）佐剂种类 佐剂有很多种，包括氢氧化铝等无机佐剂，分枝杆菌（卡介苗）等有机佐剂，以及多聚肌苷酸等合成佐剂。弗氏不完全佐剂（IFA）和弗氏完全佐剂（FCA）是目前动物免疫试验中最常用的佐剂，弗氏不完全佐剂由液体石蜡（或植物油）和乳化剂（羊毛脂或 Tween 80）混合而成，弗氏不完全佐剂加卡介苗即为弗氏完全佐剂。

（2）佐剂作用机制　佐剂能增强免疫应答，一是通过改变抗原的物理性状，延长抗原在机体内的保留时间；二是刺激单核－巨噬细胞对抗原的吞噬、处理和提呈；三是刺激淋巴细胞活化、增殖和分化。

第四节　抗原的制备

抗原的制备是免疫学应用的重要领域，制备高纯度抗原是开展疾病诊断、疾病防治、免疫检测等应用的先决条件。

一、天然抗原的制备

天然抗原的制备主要包括预处理、细胞破碎、抗原提取、分离纯化、浓缩、保存和鉴定等步骤。

1. 预处理　如果制备的抗原来源于动物和人体的组织，一般需要进行预处理。包括剔除结缔组织等、剪碎组织、酶解等。

2. 细胞破碎　如果提取的抗原物质存在于体液、组织间液内，一般不需要进行细胞破碎，但其他如细胞膜抗原、胞内可溶性抗原等均需要进行细胞的破碎。不同的组织和细胞的破碎方法不同，包括加压破碎法、匀浆法、超声波处理法、反复冻融法、自溶法、酶降解法、表面活性剂处理法等。

3. 抗原提取　大部分抗原溶于水、稀盐、稀酸或稀碱溶液，可用水溶液提取，某些抗原不溶于水、稀盐、稀酸或稀碱，可用不同比例的有机溶剂提取，如乙醇、丙酮等。所选用溶剂的性质、pH、离子强度、提取温度等因素非常关键。

4. 分离纯化　制备抗原的关键步骤，应根据抗原分子量、等电点、疏水性等选择合适的分离纯化方法，以获得高纯度抗原。常用的方法有盐析法、透析法、过滤法、超滤法、离心法、离子交换层析、疏水层析、亲和层析、凝胶层析等。

5. 浓缩　将抗原低浓度溶液通过去除溶剂变为高浓度溶液，可采用蒸发法、吸收法和超滤法等方法。

6. 保存　为了保持蛋白质抗原的活性和稳定性，常采取低温保存，一般还会加入甲苯、苯甲酸、三氯甲烷等防腐剂和蔗糖、甘油、白蛋白等稳定剂。长期保存的抗原还需要经 $0.22\mu m$ 孔径的滤膜过滤除菌。溶液状态保存的抗原储藏时间短，长时间保存需要将抗原进行干燥处理，如常压干燥、减压干燥和冷冻干燥等，其中冷冻干燥的效果较好。

7. 鉴定　抗原的鉴定包括含量、理化性质、纯度、免疫活性等。如蛋白质抗原的含量测定可以采用 BCA 法等。

二、人工抗原的制备

（一）人工结合抗原

人工结合抗原是半抗原（只能和抗体发生特异性结合反应，不能刺激机体产生抗体）和载体偶联形成的抗原，可以刺激机体产生抗体。

1. 载体　包括蛋白质载体、多肽类聚合物、大分子聚合物等。常用的蛋白质载体有牛血清白蛋白、牛甲状腺球蛋白、钥孔戚血蓝素（KLH）等，这些蛋白质载体具有较高的免疫原性；常用的多肽类聚合物有多聚赖氨酸、多聚谷氨酸、多聚混合氨基酸等，分子量达十几万到几十万，可诱导动物产生高亲和力、高特异性和高滴度的抗血清；大分子聚合物常用的有聚乙烯吡咯烷酮等。

2. 半抗原和载体的偶联 可采用物理吸附法或化学交联法。物理吸附法是借助电荷和微孔将半抗原吸附到聚乙烯吡咯烷酮等载体上。化学交联法是利用化学的方法将半抗原和载体进行交联。有游离氨基、游离羧基或两种基团的半抗原可直接和载体交联，常用的方法有炭化二亚胺法、戊二醛法、混合酸酐法、过碘酸氧化法等。没有游离氨基或游离羧基的半抗原，需改造成有游离氨基或游离羧基的衍生物，再用上述方法和载体交联（表6-4）。

表6-4 半抗原的改造和交联方法

半抗原种类	改造方法	交联方法
有游离羧基或氨基的半抗原	无需改造	炭化二亚胺法
有游离氨基的半抗原	无需改造	戊二醛法、过碘酸氧化法
有游离羧基的半抗原	无需改造	混合酸酐法
没有游离氨基或羧基，带羟基的半抗原	琥珀酸酐法	改造成游离氨基或游离羧基的衍生物后用上述方法交联
没有游离氨基或羧基，带酮基的半抗原	羧甲基羟胺法	改造成游离氨基或游离羧基的衍生物后用上述方法交联
没有游离氨基或羧基，带羧基的半抗原	重氮化的对氨基苯甲酸法	改造成游离氨基或游离羧基的衍生物后用上述方法交联
没有游离氨基或羧基，带酚基的半抗原	一氯乙酸钠法	改造成游离氨基或游离羧基的衍生物后用上述方法交联

（二）人工合成多肽抗原的制备

1. 人工合成多肽抗原 采用化学方法，用氨基酸合成的多肽抗原表位。

2. 多肽抗原的预测、分析和设计 已知抗原氨基酸序列，采用疏水指数学说和β转角二级结构的预测方法，选择免疫原性较强的多肽片段用于人工合成多肽抗原。可采用GCG（genetics computer group）或网站 ProPASy（ExPASy：http：//www. expasy. org/cgi - bin/protscale. pl）进行预测、分析和设计，具体过程如下。

（1）选择特殊序列 选择氨基酸序列，计算疏水指数和β转角的趋向，比较两种算法的结果，寻找转角趋势较高的和疏水性较低的序列。

（2）预测糖基化位点 采用 NetOGlyc（ExPASy）等方法预测糖基化位点，尽量排除有糖基化位点的序列。

（3）选择合适的序列合成抗原肽 原则是转角趋势具有最大的阳性值且疏水性具有最大的阴性值，最好选择包含 Arg、Lys、His、Glu 和 Asp 等带电氨基酸残基的序列，提高合成多肽的溶解性。

3. 人工合成多肽和载体偶联 人工合成多肽需要和载体偶联形成完全抗原，才能刺激机体产生免疫应答。人工合成多肽的肽链末端残基需要进行乙酰化或酰胺化修饰，以维持天然状态，增加溶解性。

第五节 抗原的应用

一、疾病诊断

抗原和抗体能够发生特异性结合，可以利用抗原检测相应抗体，从而为疾病诊断提供参考，如用于新冠病毒抗体、不同类型肝炎病毒抗体、EB 病毒抗体、麻疹病毒 IgM 抗体、人类免疫缺陷病毒抗体、抗精子抗体、子宫内膜抗体、弓形虫抗体、风疹病毒抗体等的检测。

二、抗体制备

大多数蛋白质抗原纯化后通过免疫动物的方式制备抗体，包括单克隆抗体和多克隆抗体，这些抗体可用于疾病治疗或科学研究，多克隆抗体药物如破伤风抗毒素可用于破伤风的预防、狂犬病抗血清可用于狂犬病的预防等，鼠单克隆抗体免疫原性大，用于疾病治疗时会引起人体产生免疫应答，导致较大副作用，限制了其应用，目前被广泛应用于免疫组化、免疫细胞化学等免疫检测方法中，服务于科学研究和免疫检测领域。

大多数药物、毒素、农药、食品添加剂等属于仅有反应原性而无免疫原性的半抗原，通过将这些半抗原和大分子蛋白质载体偶联所制备的人工抗原，免疫动物后，可得到可以和这些半抗原发生特异性结合的抗体，这些抗体可以用于这些半抗原的检测，如毒品吗啡的检测、农药残留检测、食品添加剂检测等。目前开发的吗啡检测试剂盒就是先将吗啡半抗原制备成人工抗原，然后免疫动物得到针对吗啡的抗体，用该抗体制备成的吗啡诊断试剂盒去检测是否服用或注射了吗啡，目前广泛用于公安缉毒、戒毒所、出入境检疫等场所。

三、疫苗制备

疫苗的主要成分就是抗原，病毒、细菌、细菌荚膜多糖、类毒素、多肽等抗原可分别制备成病毒疫苗、细菌疫苗、多糖疫苗、类毒素疫苗、多肽疫苗等。

书网融合……

本章小结　　　微课6-1　　　微课6-2　　　微课6-3　　　微课6-4　　　拓展

第七章 疫 苗

学习目标

1. **掌握** 疫苗分类。
2. **熟悉** 疫苗设计；疫苗制备和生产；疫苗质量控制；疫苗评价。
3. **了解** 中国疫苗发展史。

课前思考

1. 你知道伍连德、汤飞凡、糖丸爷爷是谁吗？请你介绍下。
2. 关于疫苗的研发和生产，你觉得最需要关注的是什么？
3. 鼻喷疫苗和注射疫苗相比，有何优点？为什么上市的鼻喷疫苗产品很少？
4. 佐剂种类那么多？为什么用于人用疫苗的佐剂只有少数几种？

第一节 中国疫苗发展史

疫苗是预防传染病最有效的方法，是人类近代史上最伟大的发明之一。早在 16 ~ 17 世纪，我国已经使用人痘预防天花，可视为免疫学的开端，18 世纪初，该方法传至国外，为以后牛痘预防天花的发现提供了宝贵经验。

中国在疫苗领域起步较晚。1919 年，中央防疫处于北京成立，开启了中国疫苗事业的奋进之路。1949 年后，国家建立了更加完善的公共卫生防御系统，并按照行政区划筹建成立长春生物制品研究所（东北）、北京生物制品研究所（华北）、兰州生物制品研究所（西北）、上海生物制品研究所（华东）、武汉生物制品研究所（中南）、成都生物制品研究所（西南）6 大生研所，负责疫苗研发和生产。

在中国疫苗从创建至今的一百多年间，疫苗对传染病防控发挥着巨大的作用。1926 年，中国分离出"天坛株"用于生产牛痘疫苗，使国人自古为之色变的天花得到有效控制，并为最终消灭天花做出重大贡献。1960 年，脊灰减毒活疫苗研制成功，使小儿麻痹症彻底与百姓远离。1982 年，乙肝疫苗研制获得成功，中国人用自己的智慧和力量狠狠地将乙肝大国的帽子甩在身后。通过几代中国疫苗人的努力，目前我国可以制造出可覆盖绝大部分常见传染病的疫苗。

中国疫苗已成为捍卫国家公共卫生当之无愧的"国之重器"。1978 ~ 2014 年全国脊髓灰质炎、结核、破伤风死亡率降幅 99% 以上。麻疹，1959 年报告 1000 万例，死亡 30 万，2017 年报告不到 6000 例，60 年避免 1.17 亿人发病，减少死亡 99 万人。乙肝，1992 年 5 岁以下携带率 9.7% 降至当前不足 0.3%。流脑，20 世纪 60 年代每年 300 万例发病，2017 年不到 200 例。乙脑，最高年份报告发病 20 万例，2017 年发病不足千人。百日咳，1959 ~ 1963 年近万名儿童死于百日咳，1973 年历史最高发病 220 万人，2017 年发病不到一万例。白喉，计划免疫前每年超十万儿童发病，如今几乎无白喉病例报告。

破伤风，2012 年世卫证实我国已消除孕产妇和新生儿破伤风。

中国疫苗不但提供国人最有力的传染病防控保障，近 10 年来，我国自主研发和生产的乙脑疫苗、脊灰疫苗等也陆续通过 WHO 认证，通过 WHO 采购销往东南亚、非洲等国家，为世界预防传染病承担起越来越多的责任，做出越来越多的贡献，展示出负责任大国的力量和担当。

2021 年全球十大疫苗（不包括新冠疫苗）销售额合计 239.1 亿美元，由跨国药企"四巨头"默沙东、辉瑞、赛诺菲、葛兰素史克（GSK）占据绝对主导地位，国产疫苗发展之路任重道远。

随着国民生活水平提高和人口老龄化的加剧，国家对人民健康有了新的规划，中共中央和国务院联合印发《健康中国 2030 规划纲要》，其中指出，我国要坚持预防为主的发展策略，而疫苗就是预防传染病最经济有效的方法且未来需求巨大。所以希望更多的优秀学子学成之后能够投身到祖国的疫苗研发和生产中去，为祖国的健康事业和国产疫苗水平的迭代升级做出贡献。

第二节　疫苗概述

一、疫苗的概念

疫苗是由病原微生物及其代谢产物经过减毒、灭活等传统技术或利用基因工程等新技术制成的用于预防或治疗疾病的生物制品。疫苗是一种特殊的药物，主要用于健康人群。

二、疫苗的分类

1. 根据使用对象　分为人用疫苗和动物用疫苗。

2. 根据研制技术　分为传统疫苗和新型疫苗，传统疫苗有灭活疫苗、减毒活疫苗、类毒素疫苗、多糖疫苗、亚单位疫苗等，新型疫苗有载体疫苗、基因工程亚单位疫苗、多肽疫苗、核酸疫苗、植物疫苗、T 淋巴细胞疫苗、树突状细胞疫苗等。

3. 根据用途　分为预防性疫苗和治疗性疫苗。

4. 根据预防疾病种类　分为单价疫苗和多联多价疫苗。

5. 根据抗原表达来源　分为真核细胞表达疫苗、细菌表达疫苗等（重组 CHO 乙肝疫苗、重组酵母乙肝疫苗）。

6. 根据接种方式　分为注射疫苗、口服疫苗、鼻喷疫苗等。

三、疫苗的组成

疫苗的基本成分包括抗原、佐剂、防腐剂、稳定剂或保护剂等，这些成分从不同角度确保疫苗能够刺激机体产生特异性免疫应答并保证疫苗可以长期稳定。

1. 抗原　是最主要的有效成分，能够有效刺激机体产生特异性免疫应答，包括体液免疫、细胞免疫或/和黏膜免疫，产生保护性抗体或致敏淋巴细胞。多糖、类脂等免疫原性较弱的抗原，还通过和佐剂合用来增强免疫应答。

2. 佐剂　能增强疫苗的免疫应答，但必须无毒、安全，且能在非冷藏条件下保持稳定。目前最常用的佐剂为铝佐剂，新型佐剂也在持续开发和问世，在此层面也会推动疫苗的跨越。

3. 防腐剂 能防止外来微生物污染，常用防腐剂有硫柳汞、2－苯氧乙醇等。

4. 稳定剂或保护剂 能够使疫苗的有效成分持续稳定并保持免疫原性的物质，常用的稳定剂或保护剂有乳糖、明胶、山梨醇等。

第三节 疫苗的种类 微课7-1 微课7-2 微课7-3

一、灭活疫苗

1. 灭活疫苗的定义 灭活疫苗又称为死疫苗，可分为病毒灭活疫苗和细菌灭活疫苗。病毒灭活疫苗通过将病毒接种至动物或昆虫细胞等经过驯化的具有有限传代次数的细胞。细菌灭活疫苗通过将细菌直接接种至培养基，使病毒、细菌获得增殖，再采取物理、化学方法进行灭活处理，使病毒、细菌或其代谢产物失去致病力但仍保留免疫原性，最后制备成疫苗；细菌灭活疫苗又可分为全菌体疫苗和类毒素疫苗。

2. 已上市的灭活疫苗 已上市的病毒灭活疫苗有狂犬疫苗、出血热疫苗等；细菌灭活疫苗有肺炎疫苗、流脑疫苗等；类毒素疫苗有白喉疫苗、破伤风疫苗等。

3. 灭活疫苗的优点 工艺成熟，安全性好，稳定性好，易于保存和运输，一般不需冻干。

4. 灭活疫苗的缺点 灭活不彻底极易酿成重大事故；需多次免疫接种；不是通过自然感染途径，一般不能诱生局部IgA；灭活可能影响抗原免疫原性，需要添加佐剂；不适合难以培养的病原微生物。

5. 灭活疫苗设计考虑因素 菌毒株有较好的免疫原性；菌毒株有稳定的培养特性和生化特性；菌毒株易于培养，培养过程不产生或产生较小的毒性，不产生难以去除的杂质；选择当地流行的菌毒株；选择合适的灭活方式，包括灭活剂（常用甲醛、β－丙内酯等）、灭活时间、灭活温度等。

6. 灭活疫苗生产工艺流程 包括细菌灭活疫苗生产工艺流程（图7-1）和病毒灭活疫苗生产工艺流程（图7-2）。

7. 灭活工艺 灭活是灭活疫苗生产中最关键步骤之一，灭活是否彻底直接影响疫苗的安全性。影响灭活效果的因素包括病原体浓度、病原体悬液成分、灭活剂浓度、灭活pH、灭活时间、灭活温度、灭活流程等。病原体悬液成分若含有较多蛋白成分，可能会导致病原体接触不到或接触到的灭活剂不够足量，从而影响灭活效果，因此在灭活前应有适当纯化步骤。

8. 灭活方法 可分为物理方法和化学方法。物理方法包括加热、紫外线和射线辐照灭活等。化学方法是目前应用的主要灭活方法，采用的灭活剂有甲醛、β－丙内酯、乙烯亚胺和双乙烯亚胺等。不同灭活剂对不同病原体的作用机制不同，对疫苗免疫原性的影响不同，所以导致疫苗接种后产生的免疫应答各异。

（1）甲醛 为传统的灭活剂，应用最为广泛，可灭活多种病毒和细菌，作用于病原体蛋白，引起蛋白变性，残留的甲醛会引起注射局部疼痛及其他毒副作用，所以甲醛灭活后的去除十分关键。

（2）β－丙内酯 广泛应用于多种人用和动物用疫苗的生产，如狂犬灭活疫苗、I/II型肾综合征出血热疫苗等，作用于病原体DNA和RNA。β－丙内酯不稳定，在37℃2小时可自行水解，也可加入亚硫酸钠停止反应。优点是灭活效果好，可保持良好的免疫原性，其次自身可水解，不需要增加去除步骤；缺点是本身具有毒性，工作人员操作时需要特殊防护，此外，β－丙内酯可以改变人血白蛋白的性质，导致过敏反应，因此灭活的病毒培养液需要注意处理条件。

（3）乙烯亚胺　目前主要用于口蹄疫疫苗的灭活，其作用机制类似 β - 丙内酯，在保持免疫原性方面强于甲醛，灭活效果方面比甲醛高出几乎两倍，但毒性较大。

（4）双乙烯亚胺　比乙烯亚胺更稳定、更安全。其作用机制类似 β - 丙内酯，在保持免疫原性方面强于甲醛，灭活效果方面比甲醛好。

9. 展望　第一，筛选新的稳定、高产菌毒株；第二，研究和筛选新的灭活剂；第三，研究新的佐剂；第四，将灭活疫苗和其他疫苗一起开发成多联、多价疫苗。

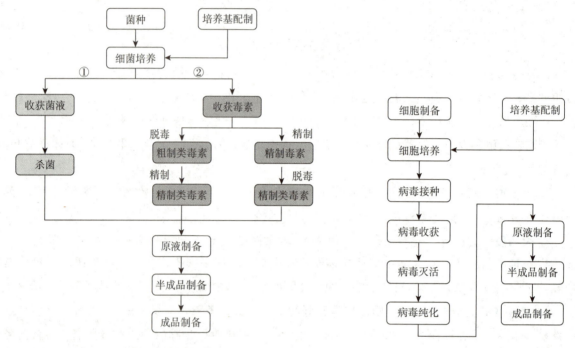

图 7 - 1　细菌灭活疫苗生产工艺流程
（①全菌体疫苗，②类毒素疫苗）

图 7 - 2　病毒灭活疫苗生产工艺流程

二、减毒活疫苗

1. 传统减毒活疫苗　通过体外连续传代减毒、化学试剂诱变、温度敏感突变株筛选等方法获得减毒株，然后通过培养获得大量减毒活细菌或减毒活病毒，最后制备成疫苗。传统减毒活疫苗的不足之处在于一些难以培养的和一些有潜在危害的细菌或病毒无法开发成减毒活疫苗。

2. 新型减毒活疫苗　采用基因工程手段开发的减毒活疫苗，能够弥补传统减毒活疫苗的不足之处，可分为基因缺失活疫苗、遗传重组疫苗和载体疫苗。

（1）基因缺失活疫苗　通过删除毒力基因或基因片段获得减毒株，具有突变性状明确、稳定、不易发生毒力返祖等优点。

（2）遗传重组疫苗　将野毒株和不致病的弱毒株共同感染细胞，强弱毒株的基因片段发生交换和重组，通过对子代进行筛选，可获得对人体不致病但又包含野毒株保护性抗原基因片段的减毒株。

（3）载体疫苗　将目的抗原基因插入活载体微生物基因组获得减毒株，根据活载体微生物的不同，可分为病毒载体疫苗和细菌载体疫苗。病毒载体疫苗以病毒作为载体，常用的病毒载体有痘苗病毒、腺病毒、麻疹病毒和脊髓灰质炎病毒载体等，其中最成熟的是痘苗病毒载体，病毒载体的研制方法和减毒活疫苗类似。细菌载体疫苗以细菌作为载体，常用的细菌载体有沙门菌、霍乱弧菌、志贺菌、卡介苗等。

3. 已上市的减毒活疫苗 上市的减毒活疫苗分为病毒性减毒活疫苗和细菌性减毒活疫苗,病毒减毒活疫苗有脊髓灰质炎疫苗、甲型肝炎疫苗、流行性乙型脑炎疫苗、风疹疫苗、麻疹疫苗、水痘疫苗、腮腺炎疫苗等;细菌性减毒活疫苗有布氏菌疫苗、卡介苗等,其中卡介苗是第一个用于人体的减毒活疫苗。

4. 减毒活疫苗的优点 减毒活疫苗的作用机制与自然感染免疫最相似,可诱导体液免疫、细胞免疫和黏膜免疫应答,使机体获得较广泛的免疫保护;且活微生物能增殖,因此在体内停留时间长,可诱导较强的免疫应答,需要的接种次数少;一般不需要添加佐剂。

5. 减毒活疫苗的缺点 有一定残余毒力,具有免疫缺陷的个体可能诱发严重疾病;有可能出现毒力"返祖"现象;活微生物可能造成污染;稳定性较差,需要冻干,保存、运输等要求较高;不适合难于培养和储存的病原微生物。

6. 减毒活疫苗设计考虑因素 菌毒种应有良好的免疫原性;应考虑安全性、免疫原性、遗传稳定性和生产适应性4方面问题。传统减毒活疫苗应考虑残余毒力和免疫原性之间的平衡、残余毒力的稳定性、减毒策略等问题,细菌活疫苗的减毒是一个较为困难的课题,病毒活疫苗的减毒包括体外连续传代减毒、化学试剂诱变、温度敏感突变株病毒筛选等;新型减毒活疫苗毒力较弱或无毒,毒力返祖概率大大降低,但安全性和免疫原性之间的平衡仍是可能需要面临的难题;传统减毒活疫苗的菌毒株代谢物不应有致癌性,载体疫苗应考虑载体对疫苗安全性和有效性的影响;菌毒株遗传性能稳定;生产工艺流程简化、可操作。

7. 减毒活疫苗生产工艺流程 细菌减毒活疫苗和灭活疫苗的生产工艺流程基本一致,主要区别在于细菌减毒活疫苗没有杀菌的步骤(图7-1)。同理,病毒减毒活疫苗和灭活疫苗的生产工艺流程也基本一致,主要区别在于病毒减毒活疫苗没有病毒灭活的步骤(图7-2)。另外,减毒活疫苗由于其稳定性较差,无论是细菌还是病毒减毒活疫苗都需要进行冻干处理。

8. 展望 基因工程减毒活疫苗弥补了传统减毒活疫苗的不足之处,可以将一些难以培养的和一些有潜在危害的细菌或病毒开发成减毒株,但基因工程减毒活疫苗大量应用,事实上引入了一些新的病原体变种,无法预测长期进化后它们在病原微生物种群平衡中的走向以及在人体内长期生存后的变异趋势。

三、多糖和多糖-蛋白结合疫苗

(一)多糖疫苗

1. 细菌多糖 位于病原菌表面,既是病原菌的毒力因子,也是保护性抗原,能够刺激机体产生保护性抗体,是由多个重复抗原表位组成的线性结构,属于胸腺非依赖性抗原(TI抗原)。

2. 多糖疫苗 以纯化的细菌多糖制备的疫苗,可在健康成人中诱导特异性免疫应答,但在婴幼儿中诱导特异性免疫应答的效果较差。

3. 已上市的多糖疫苗 ACYW135群脑膜炎球菌多糖疫苗、23价肺炎球菌多糖疫苗、b型流感嗜血杆菌多糖疫苗、伤寒Vi多糖疫苗等。

4. 多糖疫苗的制备 包括细菌培养、多糖纯化、多糖检定等步骤。

(1)多糖纯化的传统方法 首先,去除菌体,收获培养上清液,上清液中含有目标物多糖以及菌体蛋白质、核酸、脂多糖等杂质;沉淀多糖,常用阳离子去污剂十六烷基三甲基溴化铵;低浓度有机醇沉淀核酸，常用25%乙醇，或采用核酸酶降解核酸；高浓度有机醇沉淀多糖，常用75%乙醇；苯酚抽提去除蛋白质或采用蛋白酶降解蛋白质；超速离心去除脂多糖；最后，采用有机溶剂沉淀或冻干等方法收获多糖。目前下游纯化技术也得到广泛应用，例如用柱层析代替有机溶媒萃取。

（2）多糖检定　不同细菌多糖疫苗的质量标准有所不同，但主要包括多糖鉴别、多糖含量、多糖分子大小分布、蛋白质残留、核酸残留、内毒素含量等。如，流脑多糖疫苗采用免疫双扩散法进行多糖鉴别，采用糖的特异性基团测定、火箭电泳等分析方法进行多糖含量测定。

> 🔗 **知识链接**
>
> ### ACYW135 群流脑多糖疫苗
>
> 该疫苗指分别从 A 群、C 群、Y 群、W135 群脑膜炎奈瑟球菌培养液中提取和纯化 A 群、C 群、Y 群、W135 群脑膜炎奈瑟球菌多糖抗原，将上述 4 种多糖抗原混合后加入适宜稳定剂后冻干制成，可用于预防 A 群、C 群、Y 群、W135 群脑膜炎奈瑟球菌引起的流行性脑脊髓膜炎。

（3）展望　主要是纯化方法有待改善，包括有机溶剂对环境破坏，动物源性核酸酶、蛋白酶的使用受到限制等，目前新的纯化技术已逐渐成熟，使用更环保、更安全的纯化手段，包括减少或不使用有机溶剂，采用超滤技术，增加超速离心步骤以降低脂多糖的残留，酸性条件下利用脱氧胆酸钠去除蛋白质，利用碱性环境去除核酸、脂多糖等，关注细菌多糖结构的完整性，还可采用化学合成方式或者基因工程方法制备细菌多糖。

（二）多糖-蛋白结合疫苗

1. 多糖-蛋白结合疫苗　是以纯化的细菌多糖和蛋白质载体偶联形成的结合物疫苗，属于胸腺依赖性抗原（TD 抗原），可在健康婴幼儿和成人中诱导特异性免疫应答。

2. 已上市的多糖-蛋白结合疫苗　b 型流感嗜血杆菌多糖结合疫苗、脑膜炎球菌多糖结合疫苗、肺炎球菌多糖结合疫苗等。

3. 多糖-蛋白结合疫苗的制备　包括细菌培养、多糖纯化、载体制备、多糖载体蛋白结合物的制备和结合物检定等。

（1）多糖载体蛋白结合物的制备　包括多糖修饰、载体蛋白的选择和修饰、多糖和载体蛋白的结合。①多糖修饰：要根据结合疫苗对多糖分子大小的要求选择是否需要对多糖进行降解处理，非降解多糖多采用多点随机活化，降解多糖多采用单点或末端活化，常见的活化方法有高碘酸氧化法等，活化后的多糖可直接和载体蛋白结合。②载体蛋白的选择和修饰：目前常用的载体蛋白有破伤风类毒素、白喉类毒素和 CRM197，不同的载体蛋白制备的结合物免疫原性也会有所不同；目前常用己二酰肼、二盐酸肼处理载体蛋白以增加载体蛋白上的反应基团，以便于和活化多糖进行结合。多糖修饰结合方法包括直接结合和桥连结合，直接结合由于空间位置的存在，结合效率不如桥连结合。无论采用何种方法，需保证方法可控、重复性好、结合稳定、不影响免疫原性、化学试剂残余可接受等。

（2）结合物检定　不同细菌多糖-蛋白结合疫苗的质量标准不完全相同，主要包括多糖鉴别、多糖含量、多糖分子大小分布、蛋白质含量、多糖蛋白比、游离多糖、游离蛋白质、化学试剂残留、载体蛋白毒性、内毒素含量等。

4. 展望　多糖-结合蛋白疫苗存在的问题主要包括载体蛋白的安全性、各型多糖的准确定量、多糖和载体蛋白的结合效率及稳定性等，改进方面包括开发安全、易得、质量可控、具有良好载体效应的载体蛋白，采用多种方法对各型多糖进行准确定量，通过控制结合方法提高结合效率。除了用荚膜多糖制备结合蛋白疫苗外，脂多糖、脂寡糖也成为结合疫苗的研究靶点。

四、核酸疫苗

核酸疫苗是将外源抗原基因直接导入动物体细胞内，通过宿主细胞的表达系统合成抗原蛋白，诱导宿主产生免疫应答，以达到预防和治疗疾病的目的。核酸疫苗目前可分为 DNA 疫苗和 RNA 疫苗。

（一）DNA 疫苗

1. DNA 疫苗 由抗原基因和表达载体两部分组成。抗原基因是 DNA 疫苗诱导机体产生特异性免疫应答的关键性成分，抗原基因可以是单个目的基因或基因片段，也可以是多个目的基因或嵌合型基因，但抗原基因必须克隆到表达载体上才能进行表达，因而表达载体是 DNA 疫苗的主体成分，DNA 疫苗的表达载体本质上是一种细菌的质粒，又称为质粒载体。

DNA 疫苗进入宿主细胞后，先在细胞核内转录为 mRNA，再在细胞质中翻译成目标抗原，刺激机体产生特异性免疫应答；质粒载体上的非甲基化 CpG 基序本身就是一种佐剂，因此 DNA 疫苗一般不需要佐剂；可根据需要设计、选择抗原基因；以重组质粒 DNA 形式存在，理化性质稳定；可采用多种免疫接种途径。

2. 已上市的 DNA 疫苗 目前只有印度紧急授权一款 DNA 新冠疫苗 ZyCoV – D 上市。

3. DNA 疫苗的优点 体内表达的抗原蛋白为天然抗原；既能诱导体液免疫，又能诱导细胞免疫，单次接种可诱导长期或终身免疫；生产工艺简单，成本低，较稳定，不需要冷藏，易于保存和运输；有利于联合疫苗的开发。

4. DNA 疫苗的缺点 DNA 疫苗免疫原性较弱，目前唯一上市的印度生产的 DNA 新冠疫苗有效率只有 67%；目的基因表达水平不高；存在潜在的安全性问题，包括进入体内的质粒 DNA 有可能整合到宿主细胞的染色体 DNA 上，导致宿主细胞转化为癌细胞；大量的质粒 DNA 注射到人体可能产生核酸抗体，引起自身免疫病；外源抗原在体内持续表达，可能带来一些不良后果，如免疫耐受、过敏反应、超敏反应、自身免疫病等免疫功能紊乱问题。

5. DNA 疫苗设计考虑因素 选择基因时应该考虑基因内部是否有稀有密码子、是否含有内含子，抗原基因在哺乳动物细胞内是否能被正确剪切，偏爱密码子的使用，候选基因的筛选方法，候选基因的获得方式，表达载体的选择，接种途径的选择，非甲基化 CpG 基序的数量等。

6. DNA 疫苗生产工艺流程 包括细菌扩增、质粒提取、质粒纯化、质粒浓缩、检定（体外哺乳动物细胞短暂性转染试验，动物免疫试验，免疫学效果评价，残余杂质等）。

7. 展望 DNA 疫苗有可能会首先应用到传统方法无法对付的疾病上，比如肿瘤、艾滋病和肝炎等。通过构建多基因表达载体，对付一些难以产生有效抗体的病原体。

（二）RNA 疫苗

1. RNA 疫苗 是使用适宜的载体将 mRNA 递送到人体细胞内，然后翻译成目标抗原蛋白，促使机体产生免疫反应（图 7 – 3）。在早期，mRNA 疫苗由于具有不稳定、较高的先天免疫原性及低效的递送方式等缺点，发展较为缓慢。随着 mRNA 修饰技术的进步和载体的发展，mRNA 疫苗的临床应用潜力逐渐得到发挥。

2. 已上市的 RNA 疫苗 mRNA 新冠疫苗作为第一款 mRNA 疫苗在新冠病毒大面积感染期间已投放市场，以 mRNA 技术为平台的多款疫苗也将陆续进入临床试验阶段。

3. RNA 疫苗的优点 mRNA 疫苗无需细胞培养或动物源基质，制备工艺简单且合成周期短，耗费成本较低，可针对病原体设计 mRNA，迅速切换生产模式，快速应对疫情需求，抗变异能力较强，在人体内可同时激发细胞与体液免疫反应，产生良好的保护效果。

4. RNA 疫苗的缺点　mRNA 疫苗面临着规模化生产经验不足、储存运输条件较为严苛、临床应用的安全性待验证等挑战。

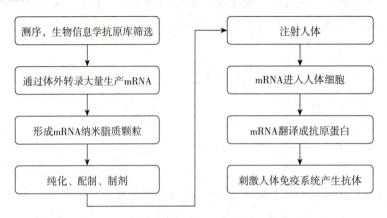

图 7－3　mRNA 疫苗的生产工艺流程和作用机制

五、VLP 疫苗

1. VLP 疫苗　即病毒样颗粒疫苗，由病毒主要结构蛋白装配而成的形态类似天然病毒的空心颗粒，属于颗粒性抗原，具有较强的免疫原性，能够模仿自然感染过程，刺激机体产生较高水平的中和抗体。VLP 利于被树突状细胞高效摄取，通过 MHC Ⅱ类分子途径提呈抗原以活化 CD4 阳性 T 细胞，也能以交叉提呈方式，通过 MHC Ⅰ类分子途径提呈抗原以活化 CD8 阳性 T 细胞，可诱导树突状细胞、单核细胞、巨噬细胞成熟和分泌细胞因子。

2. VLP 疫苗的分类　可分为 VLP 疫苗、嵌合 VLP 疫苗、包装异源 DNA 的 VLP 疫苗和体外偶联 VLP 疫苗。

（1）VLP 疫苗　体外高效表达某种病毒的一种或若干结构蛋白自行装配成形态类似天然病毒空心颗粒的疫苗，能诱导细胞免疫和体液免疫。

（2）嵌合 VLP 疫苗　将 VLP 作为载体，通过基因重组技术嵌合一种或多种目的蛋白基因的疫苗，可实现多价或多种病毒的同时预防。

（3）包装异源 DNA 的 VLP 疫苗　将 VLP 作为外源目的 DNA 载体的疫苗，该疫苗进入机体后，VLP 可将外源目的 DNA 运载到相应位置，产生较强的针对外源目的 DNA 和 VLP 载体的体液免疫和细胞免疫。

（4）体外偶联 VLP 疫苗　采用化学方法将目的抗原表位偶联在 VLP 表面所制成的疫苗。

3. 已上市的 VLP 疫苗　目前已上市的 VLP 疫苗有人乳头瘤病毒 VLP 疫苗、乙型肝炎病毒 VLP 疫苗、戊型肝炎病毒 VLP 疫苗等。

4. 正在研制的 VLP 疫苗　包括流感病毒疫苗、禽流感病毒疫苗、疟疾疫苗、人细小病毒疫苗、诺如病毒疫苗、HIV 病毒疫苗、轮状病毒疫苗、登革病毒疫苗、呼吸道合胞病毒疫苗等。

5. VLP 疫苗的优点　以 VLP 为基础的亚单位疫苗或多肽疫苗具有更强免疫原性，弥补了亚单位疫苗或多肽疫苗免疫原性差的缺点。

6. VLP 疫苗的缺点　VLP 疫苗稳定性较差，制备工艺和质量控制要求较高，导致 VLP 疫苗较高的生产成本。

7. VLP 疫苗的生产工艺流程　包括 VLP 表达、VLP 组装和纯化工艺等，如抗禽流感和季节性流感 VLP 疫苗的生产工艺（图 7-4）。VLP 表达应根据不同目的蛋白特性，选择合适的表达系统，常用的表达系统有原核表达系统、酵母表达系统、杆状病毒表达系统和哺乳动物细胞表达系统等。VLP 组装可分为体内组装和体外组装模式，体内组装 VLP 的纯度、稳定性和免疫原性远远达不到要求。VLP 纯化包括初级分离和精制纯化，纯化工艺的选择和 VLP 理化性质、形成部位和培养基等息息相关。

8. VLP 疫苗的质量控制　除了常规疫苗的检定项目外，VLP 疫苗还需要增加 VLP 形态和大小检测，VLP 形态大小和表位分布、VLP 蛋白的含量检测、VLP 结构蛋白纯度检测、VLP 组装率检测等。

9. 展望　以 VLP 为基础的亚单位疫苗或多肽疫苗具有更大优势，需要使用安全性高的佐剂，需要解决稳定性问题、过高的抗原含量问题、VLP 疫苗质量和成本之间的平衡等问题。

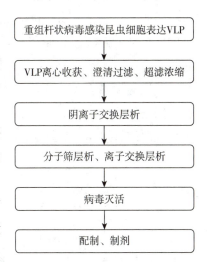

图 7-4　抗禽流感和季节性流感 VLP 疫苗的生产工艺

六、联合疫苗

1. 联合疫苗　包括多联疫苗和多价疫苗，多联疫苗能够预防不同疾病，如百白破联合疫苗，可以预防百日咳、白喉和破伤风 3 种不同疾病。多价疫苗仅预防由同种病原体不同亚型或血清型引起的同一种疾病，如 23 价肺炎多糖疫苗，能够预防由 23 种肺炎球菌血清型引起的肺炎。

2. 传统联合疫苗　不同抗原经物理混合后制成的一种混合制剂。如百白破多联疫苗是由百日咳菌苗、白喉类毒素和破伤风类毒素按一定比例混合，吸附到佐剂上，加入防腐剂制备而成；麻腮风多联疫苗是由麻疹、腮腺炎和风疹减毒病毒按一定比例混合，加入保护剂冻干制备而成。

3. 新型联合疫苗

（1）以 DTaP 为基础的联合疫苗　目前以 DTaP 为基础的联合疫苗有 DTaP-Hib 联合疫苗、DTaP-IPV-HiB 联合疫苗、DTaP-HB-Hib 联合疫苗、DTaP-HB-IPV 联合疫苗等（Hib 是流感嗜血杆菌、OPV 是脊髓灰质炎减毒活疫苗、IPV 是脊髓灰质炎灭活疫苗，HB 为乙肝病毒）。

（2）以乙型肝炎疫苗为基础的联合疫苗　以乙肝病毒为基础的联合疫苗目前有 HB-Hib 联合疫苗、HB-HA 联合疫苗、HB-DT 联合疫苗等（HB 是乙肝病毒，Hib 是流感嗜血杆菌、HA 是甲肝病毒、D 是白喉类毒素，T 是破伤风类毒素）。

（3）以脑膜炎球菌为基础的联合疫苗　以脑膜炎球菌为基础的联合疫苗目前有 Hib-MenC-TT 联合疫苗、Hib-MenCY-TT、AC-Hib 多糖结合疫苗等（Men 是脑膜炎球菌，C 是 C 群，Y 是 Y 群，A 是 A 群，Hib 是流感嗜血杆菌，TT 是破伤风载体蛋白）。

（4）以麻疹-腮腺炎-风疹疫苗为基础的联合疫苗　目前有麻疹-腮腺炎-风疹-水痘联合疫苗等。

4. 已上市的联合疫苗　多联疫苗有百白破多联疫苗、百白破-脊髓灰质炎多联疫苗、百白破-乙肝多联疫苗、麻腮风多联疫苗等；多价疫苗有 23 价肺炎多糖疫苗、13 价肺炎多糖结合疫苗、4 价轮状病毒疫苗、9 价人乳头瘤病毒疫苗、ACYW135 流脑多糖疫苗等。

5. 联合疫苗的优点　注射针次较少，可减少潜在的不良反应、疼痛和不适，特别适合儿童接种，此外还能够提高疫苗接种覆盖率，节省时间和劳动力，提高卫生保健提供者日常业务效率等。

6. 联合疫苗的缺点　价格昂贵；单价疫苗制备成联合疫苗后，免疫原性可能会降低；不同生产厂家的联合疫苗无法互相使用；联合疫苗如果包括了接种对象已经使用过的抗原，会导致重复免疫问题等。

7. 展望　联合疫苗具有多个优点，在传染病的预防中，仍然代表着疫苗的未来方向。联合疫苗存在的问题包括多种抗原联合后免疫原性降低问题，最低抗原含量的确定、佐剂的应用问题、联合疫苗中各种抗原的有效性、安全性等指标的检测问题，联合疫苗剂型问题，免疫程序及不同厂家疫苗生产的标准化问题等。

七、多肽疫苗

1. 多肽疫苗　是根据抗原分子及其保护性表位而设计的，生产多肽疫苗的方法主要有两种：应用基因工程技术表达多肽疫苗，应用化学方法合成多肽疫苗。

2. 多肽疫苗的优点　多肽抗原作为完整病毒的一部分，不具备传染疾病的危险性，安全性好，可以很方便地用冻干粉剂形式保存，化学合成多肽疫苗没有病原微生物污染，可以大量生产，质量容易控制，已成为未来疫苗发展的重要途径之一。

3. 合成多肽疫苗的设计考虑因素　应该考虑免疫原性，提高免疫原性的策略包括使用佐剂和输送系统、多次免疫等。

八、亚单位疫苗

1. 传统亚单位疫苗　通过化学分解、蛋白水解等技术提取病原体表面具有免疫保护性的成分后所制成的疫苗，很多灭活疫苗的有效成分就是病原微生物的亚单位。

2. 新型亚单位疫苗　又称基因工程亚单位疫苗，是利用基因工程技术表达病原体表面具有免疫保护性的成分后所制成的疫苗。优点是纯度高，可以避免许多无关抗原诱导的免疫应答，从而减少疫苗副反应；缺点是免疫原性较低，需与佐剂合用才能产生好的免疫效果。

3. 亚单位疫苗的设计考虑因素　应该考虑免疫原性、提纯方式等，提高免疫原性的策略包括使用佐剂和输送系统、多次免疫等。

九、治疗性疫苗

治疗性疫苗功效和单抗药物相似，但无需经常注射，通过接种疫苗诱导自身免疫系统产生抗体，以达到治疗疾病的目的，包括肿瘤疫苗、心血管疾病疫苗、自身免疫性疾病疫苗、烟瘾疫苗、毒瘾疫苗等。

1. 已上市的治疗性疫苗　2013 年全球首个前列腺治疗性疫苗率先成功上市，2017 年全球首个 CAR‐T 肿瘤特异性免疫细胞肿瘤治疗方案获得美国 FDA 批准。

2. 正在研制的治疗性疫苗　包括结核治疗性疫苗、重症肌无力治疗性疫苗、黑色素瘤治疗性疫苗、阿尔茨海默病治疗性疫苗、类风湿关节炎治疗性疫苗、帕金森治疗性疫苗、艾滋病治疗性疫苗、多发性硬化病治疗性疫苗、高血压治疗性疫苗、高血脂治疗性疫苗、糖尿病治疗性疫苗、肥胖治疗性疫苗、龋齿治疗性疫苗、肺癌治疗性疫苗等。

3. 治疗性疫苗的设计考虑因素　遵从常规疫苗的设计理念，但在设计策略、疫苗组分、佐剂和免疫流程要有别于常规疫苗。高效性和安全性是优先考虑因素，还必须考虑人群免疫低下的特点，以及对免疫抑制的拮抗或对免疫耐受的打破等。细胞毒性 T 细胞、辅助性 T 细胞是治疗性疫苗发挥作用的关键，体液免疫和细胞免疫对于治疗性疫苗发挥作用不可或缺，除此之外，佐剂应用、加强免疫、高效载体（平台）、与抗病原体药物及免疫检查点抑制剂联用等有助于提高治疗性疫苗效果。

（1）细胞毒性 T 细胞的关键作用 特异性抗体发挥的中和作用、ADCP 作用和 ADCC 作用对于清除病原体和肿瘤只能发挥次要作用，真正要彻底清除病原体感染细胞和肿瘤细胞，必须依赖高效、特异和持久的细胞毒性 T 细胞发挥杀伤作用，疫苗设计时需要考虑能够诱导长效记忆性 T 细胞，需要明确病原体优势抗原的细胞毒性 T 细胞表位、肿瘤特异抗原的细胞毒性 T 细胞表位、多个保护性抗原的细胞毒性 T 细胞表位。

（2）辅助性 T 细胞的关键作用 高效而持久的 Th1 细胞分泌多种细胞因子如 IFN - γ、TNF - α、IL - 2，对诱导特异和持久的细胞毒性 T 细胞应答是必要和关键的。

（3）高效载体（平台）的作用 有利于治疗性疫苗的长效表达、抗原提呈的增强和免疫的激活。常用的载体有减毒牛痘病毒、腺病毒等病毒载体，更为安全的载体是病毒样颗粒（VLP）系统，多聚乳酸、多聚乳酸 - 乙醇酸交酯等多聚微米颗粒，脱乙酰壳聚糖等多聚纳米颗粒以及脂质体载体系统。VLP 是利用基因重组技术获得病毒结构蛋白基因，通过基因调控和酶作用，可形成不含病毒基因组但保留了 T、B 细胞表位的病毒结构蛋白，可诱导高效的固有免疫和特异性免疫，VLP 系统可负载或包裹多种靶抗原。

4. 基于 MHC Ⅰ类分子识别的细胞毒性 T 细胞表位肽治疗性疫苗 对于肿瘤治疗性疫苗，最大的障碍是肿瘤特异性抗原不明确，迄今鉴定的肿瘤特异性抗原少之又少，目前可通过从肿瘤患者体内获得 MHC Ⅰ类分子肿瘤表位复合物，再使用 HPLC 和质谱等技术分离和鉴定肿瘤特异性表位，最后将肿瘤抗原表位制备成多肽疫苗。目前设计策略有 4 种，包括计算机辅助的表位预测、肿瘤基因组转染预测、免疫蛋白组学预测和差异基因组测序联合 MHC 结合肿瘤表位预测。

5. 基于树突状细胞荷肽治疗性疫苗 肿瘤患者体内往往存在抗原提呈能力不足的现象，因此必须改善抗原提呈，可以考虑通过增强树突状细胞的数量和成熟度来实现。首先鉴定肿瘤抗原表位，体外作用于树突状细胞，充分促进树突状细胞的活化、抗原提呈和增殖，然后作为肿瘤 T 细胞表位肽负载的树突状细胞疫苗回输患者，可有效增强肿瘤治疗效果。优点是兼顾了肿瘤 T 细胞表位肽并增强了树突状细胞的提呈能力；缺点是分离培养患者树突状细胞等环节技术要求高，费用高，难以规范化。

6. 肿瘤异种抗原治疗性疫苗 肿瘤细胞来自自身细胞，因此来源于自身的肿瘤特异性抗原或肿瘤相关性抗原免疫原性低下，很难改变患者自身免疫耐受，采用来源于异种的同源性肿瘤特异性抗原或肿瘤相关性抗原，免疫原性相对较高，可能可以打破患者自身免疫耐受。美国 FDA 批准上市了第一个狗用恶性黑色素瘤治疗性疫苗。

7. 自身免疫病耐受型树突状细胞治疗性疫苗 自身免疫性疾病患者体内自身免疫耐受被打破，自身免疫病治疗性疫苗设计需要考虑重建免疫耐受，关键是考虑通过多种手段诱导耐受性树突状细胞增殖。

第四节　疫苗的设计

一、疫苗设计概述

1. 理想疫苗　纯度高、副作用小，安全性和有效性好，作用持久，接种方便，价格低廉，储存和运输方便等。

2. 疫苗设计重点考虑问题　疫苗是用于预防和治疗疾病的生物制品，预防性疫苗由于直接用于大量健康人群，特别是用于大量儿童，包括新生儿，其设计应重点考虑较高的有效性和绝对的安全性以及较好的稳定性、免疫原性等。

3. 疫苗设计开发的相关法规　疫苗设计开发必须遵循一套标准化的操作管理程序，其目的是保障疫苗设计开发全过程可控，保障疫苗安全性、有效性等研究有据可依。相关法规包括药物非临床研究质量管理规范（GLP）、药物临床试验质量管理规范（GCP）和药品生产质量管理规范（GMP），GLP 指导非临床安全性测试和各项体外试验，GCP 指导各期临床试验，GMP 指导生产全过程。

4. 疫苗设计开发策略　病原体不同、工艺路径和剂型不同、使用对象不同、使用目的不同，使疫苗设计策略会有较大差别。

5. 疫苗设计开发流程

（1）疾病认识阶段　包括疾病诊断、病原体鉴别、致病机制和免疫应答研究等。

（2）致病因子研究阶段　包括致病因子理化性质研究、病原体的体外培养、抗原鉴别、动物模型感染等。

（3）候选疫苗设计阶段　包括致病因子、抗原表达方式、佐剂选择、安全性试验、保护性免疫应答的激发等。

6. 疫苗设计原则　包括绝对的安全性、较高的有效性、持续的稳定性、经济、方便、易用、稳定等。

二、抗原的设计

1. T、B 细胞表位的识别、分析和预测　表位图谱的筛选可采用精确特异性图谱定位等技术，T 细胞表位的选择可采用重叠肽法、计算机预测等技术，B 细胞表位的选择可采用聚苯乙烯棒技术和组合技术等。

2. 抗原的选择和设计　必须对所研制疫苗的病原体有全面的认识。病毒疫苗首选蛋白质抗原，细菌疫苗首选多糖抗原。诱导体液免疫为主的疫苗应更多地考虑抗原中的 B 细胞表位，诱导细胞免疫为主的疫苗应更多地考虑抗原中的 T 细胞表位。目前的免疫学技术已能有效地分析抗原中的 T 细胞位点和 B 细胞位点，可为疫苗设计提供有力支持。

三、体液免疫或细胞免疫的设计

1. 体液免疫对细胞外感染更有效，细胞免疫对细胞内感染更有效。

2. 体液免疫减弱伴有细胞免疫增强，体液免疫增强伴有细胞免疫减弱。

3. 细胞免疫和体液免疫同时达到最强可能会引起免疫系统失控，导致自身免疫性疾病。

4. 小剂量抗原诱导优势细胞免疫，无明显抗体产生，大剂量抗原同时诱导细胞免疫和体液免疫，随后细胞免疫减弱而体液免疫维持。

5. 单核－巨噬细胞提呈的抗原有利于诱导优势体液免疫，B 细胞提呈的抗原有利于诱导优势细胞免疫。

6. 已知人用佐剂诱导强体液免疫应答。

7. 幼龄和老年接种者倾向诱导优势细胞免疫，不同遗传背景的接种者可能产生以细胞免疫为主或以体液免疫为主的应答。

四、黏膜免疫的设计

多数病原体是通过黏膜感染的，对于结构复杂的病原微生物，尤其要重视黏膜免疫。黏膜疫苗设计考虑应包括：防止抗原被蛋白酶消化，设计有效的输送系统把抗原输送到黏膜免疫的激发位点，促进胃肠道和呼吸道黏膜摄取抗原，激发特异性免疫应答，诱导免疫记忆，使用黏膜免疫调节因子，选择最佳的免疫程序诱导黏膜免疫。

五、体外表达系统的设计

体外表达系统决定了目的基因能否被转录、翻译、加工成目的产物，能否高效表达，要根据目的产物选择一个合适的体外表达系统。常用的体外表达系统有原核表达系统和真核表达系统，原核表达系统有大肠埃希菌表达系统等，真核表达系统有酵母菌表达系统、哺乳动物细胞表达系统和昆虫细胞表达系统。

1. **大肠埃希菌表达系统**　作为一种最成熟的体外表达系统被广泛应用。优点是工艺简单，成本低廉，产量高；缺点是表达产物易形成包涵体，不利于产物的分离纯化，无法对表达产物进行糖基化等翻译后修饰，大肠埃希菌含有大量内毒素，需要严格的工艺控制。

2. **酵母菌表达系统**　优点是工艺简单，成本低廉，具有产物胞外分泌功能，有利于产物的分离纯化，不含内毒素，非常安全；缺点是产量没有大肠埃希菌表达系统高，只能对表达产物进行简单的翻译后修饰，适合翻译后修饰不复杂的表达产物等。

3. **哺乳动物细胞表达系统**　优点是能对表达产物进行准确和复杂的翻译后修饰，使表达产物最为接近天然产物，具有产物胞外分泌功能，有利于产物的分离纯化；缺点是工艺复杂，成本高昂，产量较低，容易污染。目前最常用的哺乳动物细胞表达系统是 CHO 细胞。

4. **昆虫细胞表达系统**　优点是表达产物较为接近天然产物，表达水平较哺乳动物细胞表达系统高，目前最常用的昆虫细胞表达系统是 Sf9 细胞。

六、佐剂的设计

佐剂来源于拉丁语"adjuvare"一词，意为"帮助"，所以免疫佐剂是非特异性免疫刺激剂，与抗原同时或预先注射，能降低抗原使用剂量，增强机体对疫苗的免疫应答，延长疫苗保护时间，提高抗体产量，改变抗体类型，诱导特定免疫反应类型的制剂。

1. **佐剂分类**　按照使用对象可分为人用佐剂和动物用佐剂，人用佐剂主要有铝佐剂，动物用佐剂主要有弗氏完全佐剂和弗氏不完全佐剂。按照来源可分为化学佐剂和生物分子佐剂两大类，化学佐剂又细分为油佐剂、水溶性佐剂、无机盐佐剂等，生物分子佐剂又细分为细胞因子佐剂、模式识别受体佐剂、共刺激分子佐剂、补体分子佐剂、多肽类佐剂、类毒素佐剂等。

（1）油佐剂　包括弗氏完全佐剂、弗氏不完全佐剂、MF59、AS01、AS02、AS03、CAF01、黄色棕榈蜡等，使用时需要乳化，主要是影响疫苗释放时间、位置或浓度，通过提供共刺激信号发挥作用。

（2）水溶性佐剂　包括阴道凝胶 Pro2000 等杀菌剂佐剂，皂苷等植物来源佐剂，氯喹、聚乳酸等人工合成化合物佐剂等，使用时不需要乳化。

（3）无机盐佐剂　包括铝佐剂、磷酸钙佐剂、氢氧化铁胶体等。

（4）细胞因子佐剂　包括粒细胞－巨噬细胞集落刺激因子，IFN－γ、IL－2、IL－12 等 Th1 型细胞因子佐剂，IL－4、IL－13 等 Th2 型细胞因子佐剂，IL－21、IL－23 等 Th17 型细胞因子佐剂，IL－15、IL－7 等记忆 T 细胞细胞因子和趋化因子。

（5）模式识别受体佐剂　包括 Toll 样受体（TLR）、NOD 样受体（NLR）、RIG－1 样受体（RLR）等。

2. 批准使用的人用佐剂　包括人用佐剂和动物用佐剂。铝佐剂是使用最广泛的佐剂，应用于大多数人用疫苗，新型佐剂如 MF59 佐剂（用 Span85 和吐温 80 稳定的水包鲨烯乳剂）已用于季节性流感疫苗，AS03 已用于 H1N1 和 H5N1 疫苗，AS04 已用于 HPV 疫苗。

3. 安全性问题　人用佐剂必须保证安全性，必须权衡佐剂增强疫苗免疫原性的益处和引起不良反应的危险性，即在获得效果的同时最大限度地减少毒性。但直到今日，铝佐剂依然是占主导地位的人用佐剂，反映了实现这一目标的难度。佐剂引起的不良反应包括全身反应和局部反应，全身反应包括炎症、过敏、恶心、流感样疾病、组织或器官毒性、自身免疫性关节炎、肾小球肾炎、脑膜炎、免疫抑制、致瘤、致畸、流产等。

4. 展望　免疫原性较弱的新型疫苗如重组亚单位疫苗使用的佐剂急需改进。疫苗的安全性因素在一定程度上阻碍了候选佐剂的使用，监管部门出于安全性和有效性考虑，新型佐剂疫苗注册会更加谨慎，因企业应用新型佐剂研制疫苗的投资风险较高，目前主要使用已上市产品的佐剂作为筛选对象。此外，深入研究佐剂的作用机制以推测对免疫系统的影响，建立合适的动物模型用于评价佐剂毒性，可为新型佐剂的应用提供支持。

七、疫苗载体的设计

疫苗载体能够插入外源目的基因，通过提高机体对抗原的摄入、保护抗原免受降解来增强免疫应答。可分为细菌类载体、病毒类载体、噬菌体载体、酵母菌载体、核酸疫苗载体、蛋白载体、病毒样颗粒疫苗载体、脂质体等。

1. 细菌类载体　指能够插入外源目的基因的细菌，能够模拟自然感染过程，诱发体液免疫、细胞免疫和黏膜免疫，使用的细菌均是减毒或无毒微生物，如沙门菌载体、卡介菌载体、单核细胞增多性李斯特菌载体、志贺菌载体、小肠结肠炎耶尔森菌载体、乳酸菌载体、芽孢载体等。

（1）优点　基因组大，可以携带较大基因片段，易于构建多价疫苗或多联疫苗；大多对抗生素敏感，可用抗生素控制不良反应；可采用口服等黏膜免疫接种方式；成本低，易批量生产；稳定性好。

（2）缺点　减毒细菌载体存在安全性问题，即毒力返祖现象；过分减毒、接种对象已接触过该种细菌或某些人群肠道微生物群体会降低免疫保护效果；可能带有致病基因、抗药基因等，如果这些菌株或基因片段进入外界环境，一旦发生突变或基因重组，可能造成生物危害、危及人类健康，因此以活病原体为载体的疫苗从研发到应用，都要进行严格的安全评估和控制。

2. 病毒类载体　指能够插入外源目的基因的活病毒，能够模拟自然感染过程，诱发体液免疫、细胞免疫和黏膜免疫，目前的病毒类载体包括 DNA 病毒载体和 RNA 病毒载体。DNA 病毒载体有腺病毒载体、腺相关病毒载体、痘病毒载体、伪狂犬病毒载体、杆状病毒载体；RNA 病毒载体包括脊髓灰质炎病毒载体、黄热病病毒载体、甲病毒载体、水疱性口炎病毒载体、新城疫病毒载体等。

（1）优点　基因组小，遗传背景清楚，可根据需求对病毒基因组进行改造。

（2）缺点　存在安全性等问题。

3. 噬菌体载体　噬菌体是专门以细菌为寄生对象的病毒，结构简单，外源目的基因可插入噬菌体展示载体信号肽基因和衣壳蛋白基因之间，经表达后，可展示在噬菌体表面，诱发体液免疫、细胞免疫和黏膜免疫。

（1）优点　噬菌体只感染特异性细菌，对人和动物安全性好；能够快速被抗原提呈细胞摄取和提呈；表达的外源目的抗原更接近天然抗原；可采用口服等黏膜免疫接种方式；基因组大，可以携带较大基因片段，易于构建多价疫苗或多联疫苗；成本低；稳定性好。

（2）缺点　尚未建立生产工艺和质量标准，产品质量难以保证；可能会诱发针对噬菌体的抗体，影响再次免疫；还存在噬菌体表达系统的密码子偏好性尚不清楚等问题。

4. 酵母菌载体　酵母菌是单细胞真菌，低等真核生物，能够插入外源目的基因，重组疫苗能诱发体液免疫和细胞免疫。

（1）优点　酵母菌是非致病性活载体，安全性好；酵母菌是真核生物，能进行翻译后加工；遗传背景清楚，易构建重组疫苗；成本低，易批量生产。

（2）缺点　只能进行简单的翻译后修饰；传代不稳定；不适合高密度发酵，产量受限制。

5. 质粒 DNA 载体　是能够携带外源目的基因的质粒 DNA，经肌内注射等方式导入宿主，利用宿主细胞表达系统表达外源性抗原，能够模拟病毒自然感染过程，诱发体液免疫和细胞免疫。目前质粒 DNA 载体多以 pUC 或 pBR322 为基本骨架，载体内含有复制起点、多克隆位点、选择标记、真核启动子/增强子、转录起始和终止序列等，不含有向宿主细胞基因组整合序列等特点。

（1）优点　表达的外源目的抗原更接近天然抗原；质粒 DNA 载体无免疫原性，载体对免疫应答不产生影响，机体只对外源目的抗原产生特异性免疫应答，不会影响免疫保护效果；外源目的基因可持续刺激机体产生免疫应答；基因组大，可以携带较大基因片段，易于构建多价疫苗或多联疫苗；制备简单，易批量生产。

（2）缺点　主要是安全性问题，即存在可能整合到宿主染色体、激活原癌基因、使抗癌基因失活等风险；仍处于研究的初级阶段。

6. 蛋白载体　用于多糖蛋白结合疫苗的制备，使多糖转化为 T 细胞依赖性抗原，目前用于疫苗研制的载体蛋白有破伤风类毒素（TT）、白喉类毒素（DT）、脑膜炎球菌外膜蛋白复合物、CRM197（白喉毒素的一种突变体）、未分型流感嗜血杆菌蛋白 D 等。

（1）优点　增强了多糖的免疫原性，弥补了多糖疫苗在婴幼儿和儿童中免疫保护效果不佳的缺点。

（2）缺点　价格昂贵，后期可以通过提高多糖和蛋白结合率、选择合适的载体蛋白来降低成本。

7. VLP 疫苗载体　含有病毒的一个或多个结构蛋白的空心颗粒，形态学和结构上和病毒相似，能够模拟自然感染过程，诱发体液免疫、细胞免疫和黏膜免疫。可分为结构简单的单层无包膜 VLP 疫苗载体、结构复杂的多层无包膜 VLP 疫苗载体和包膜 VLP 疫苗载体。

（1）优点　可对载体表面进行修饰改造，制备靶向性 VLP 疫苗；可包裹核酸、多肽等小分子；不含病毒基因组，不能自主复制，非常安全；可用于构建预防多种病原体或多个亚型病原体的嵌合疫苗。

（2）缺点　生产技术难度高，生产成本高，价格昂贵。

8. 脂质体　类似生物膜结构，由排列有序的脂质双分子层组成的多层微囊结构。

（1）优点　低毒，低免疫原性，可降解，安全性高；使用简单，目的抗原基因或蛋白和脂质体混合就能增强免疫原性；制备方便，便于保存；易于被巨噬细胞摄取；能保护抗原免受破坏，延长半衰期；脂质体自身有抗原提呈功能。

（2）缺点　脂质体本身的毒性和免疫原性会产生部分轻微副作用；脂质体疫苗制备工艺不成熟；不同抗原的包封率差别大；小脂质体倾向融合，融合过程会导致包裹抗原释放等。

八、疫苗接种方式的设计

疫苗接种方式包括肌内注射、皮下注射、皮内注射、口服、滴鼻、鼻内喷雾、肺吸入、阴道给药、眼结膜给药、电脉冲导入、超声透皮、微针透皮、淋巴结注射等。

1. 肌内注射　指将疫苗注射到肌肉，体积较大的肌肉组织能够接受更大的注射体积，而且可以多次接种。大多数灭活疫苗都是通过肌内注射方式接种，此外还有一些亚单位疫苗和 DNA 疫苗等。对于只是编码了抗原信息的 DNA 疫苗和重组病毒载体疫苗，肌肉组织的作用除了作为疫苗液暂时容纳场所外，还可发挥抗原生产和抗原提呈的作用。

2. 皮下注射　将疫苗注射到皮肤和肌肉之间的组织中，一般婴儿的注射部位为大腿部。皮下接种的疫苗能够引流淋巴结储留的树突状细胞和皮肤来源的树突状细胞提呈抗原。

3. 皮内注射　由皮肤来源的树突状细胞、朗格汉斯细胞提呈抗原，可以提高免疫效果，仅 10% ~ 20% 的抗原量就能引起和肌肉免疫或皮下注射相同的免疫效果；但皮内注射需要一定技巧，大规模免疫有一定难度，目前正在开发操作方便的皮内注射方法。

4. 口服接种　70% 病原微生物通过黏膜系统入侵宿主，黏膜固有层、上皮细胞来源的树突状细胞能提呈抗原，最理想的免疫途径是直接将疫苗接种到黏膜表面，诱导黏膜免疫和全面的免疫应答。口腔、鼻腔、肠道、呼吸道黏膜被认为是可能的接种位点，口服接种是最易被大众接受的方式。肠道对灭活疫苗、亚单位疫苗不友好，所以目前上市的口服疫苗都是减毒活疫苗。

5. 鼻内接种　包括滴鼻、鼻内喷雾等方式，鼻黏膜方便疫苗接种，适合大量人群使用，且鼻黏膜面积小，接种的抗原用量少目前最成功的鼻内接种的疫苗是减毒活疫苗。

6. 肺吸入　通过肺吸入方式接种的疫苗被称为气雾剂疫苗，这种疫苗非常适合儿童或发展中国家的大规模人群接种。通过肺吸入的方式将疫苗投递到各支气管等组织，引起黏膜和全身性免疫应答，很好地遵循了自然感染途径，但该技术没有被广泛使用，原因是缺少高效而安全的给药设备。

九、疫苗输送系统的设计

疫苗输送系统包括疫苗缓释输送系统、疫苗口服输送系统、疫苗黏膜输送系统和疫苗靶向输送系统等。

1. 疫苗缓释输送系统　能使抗原逐渐释放并进入体内，达到缓释和持续刺激机体免疫应答的效果。

2. 疫苗口服输送系统　以胃肠道黏膜为输送部位，与注射接种相比，具有简便、安全、儿童乐于接受、耐受性好、接种时无菌要求不高等优点。

3. 疫苗黏膜输送系统　通过鼻腔、呼吸道、阴道等黏膜给药，使黏膜表面产生很强的免疫应答，制剂的黏度是应考虑的因素之一，常用的黏附高分子有羧甲基纤维素钠、卡波普、海藻酸钠、羟丙基纤维素等。

4. 疫苗靶向输送系统 以脂质体作为疫苗靶向输送载体，能够更加有效地靶向免疫系统。

十、实验动物的设计

选择合适的动物模型进行动物实验，研究疫苗安全性和有效性。常用的模型有疾病模型、药物代谢和药效模型、毒性预测模型等。考虑的因素包括种属、种系、性别、年龄、疾病、营养、饲料、生理、病理、饲养条件、环境因素、实验程序、动物实验结果的可比性和动物伦理等。动物伦理主要考虑尽量减少实验动物痛苦，降低实验动物使用数量，加强实验动物护理等。

十一、反向疫苗设计

反向疫苗设计是一种结合基因组数据、计算机分析预测抗原的疫苗筛选技术。优点是只需一台电脑就可完成，对于可培养或不可培养的微生物均可胜任，不存在生物安全问题，规避了常规疫苗设计面临的病原体难于培养、高危病原体风险、研发时间漫长等问题；缺点是不适合多糖等非蛋白抗原。反向疫苗设计的主要过程包括计算机预测分析全基因序列，然后用候选疫苗芯片进行筛选，最后将获得的疫苗基因制备成基因工程疫苗。

第五节 疫苗的制备和生产

疫苗的制备和生产包括上游工艺和下游工艺，上游工艺的目的是通过微生物发酵或细胞培养等表达获得粗制抗原，下游工艺的目的是通过细胞破碎、离心沉降、膜分离技术、层析技术等分离技术去除杂质，得到高纯度抗原。

一、上游工艺

上游工艺（粗制抗原的获得）包括微生物发酵技术和细胞培养技术。微生物发酵技术包括病原菌和大肠埃希菌、酵母菌等基因工程菌的发酵，可用于细菌疫苗、多糖疫苗和基因工程疫苗的生产；细胞培养技术包括昆虫细胞、鸡胚细胞和哺乳动物细胞的培养，可用于病毒疫苗、基因工程疫苗的生产。

（一）微生物发酵技术

为了最大限度地获得发酵产物，需要赋予菌体生长和产物表达的最适环境条件，主要包括培养基、发酵方法、发酵条件、发酵规模放大方式等。发酵条件包括接种量、培养温度、pH、溶氧、搅拌条件和营养物质的补充等。大规模发酵方式主要采用分批式和连续式培养。效果方面，连续式培养优于分批式培养。安全性问题需要关注病原微生物的变异和泄漏，遵守生物安全法规，制定有效的生物安全措施。

（二）细胞培养技术

1. 疫苗生产细胞 可分为原代细胞和传代细胞。目前用于疫苗生产的原代细胞包括鸡胚细胞、地鼠肾细胞、猪肾细胞、猴肾细胞等，其优点是病毒敏感性高，易被病毒感染；缺点是可能存在潜在病毒等外源因子、不能被事先检定和标准化管理，产量不易放大。目前用于疫苗生产的传代细胞有人二倍体细胞（如MRC-5）、CHO细胞、Vero细胞等，应用于疫苗生产的传代细胞需建立三级细胞库（种子细胞库、主细胞库和工作细胞库）进行标准化管理，细胞需要被全面检定合格，细胞代次需要被严格限定。

2. 细胞大规模培养技术　采用生物反应器进行细胞培养，控制 pH、温度、溶氧等工艺参数，大量培养细胞生产疫苗的技术。适合大规模培养的原代细胞有鸡胚、地鼠肾、猪肾、猴肾等细胞，传代细胞有人二倍体细胞（如 MRC – 5）、CHO 细胞、Vero 细胞等。常用的细胞大规模培养技术有贴壁培养（转瓶培养、微载体培养、中空纤维细胞培养等）、悬浮培养和固定化培养等。

（1）转瓶培养　适用于贴壁依赖型细胞培养，优点是设备简单、技术成熟、重复性好、放大只需简单增加转瓶数量等，缺点是劳动强度大、占用空间大、批产量低、瓶与瓶之间存在差异、培养工艺参数不易监测和控制等。

（2）微载体培养　适用于贴壁依赖型细胞培养，细胞在微载体表面贴附生长，通过持续搅动使微载体保持悬浮状态，这种方法使细胞既贴附于微载体上又悬浮于培养液中，主要问题是需要选择合适的微载体和适宜的搅拌速度。优点是劳动强度小、占用空间小、批产量高、培养工艺参数易于监测和控制、放大较容易等；缺点是细胞携带的质粒容易丢失，有些微载体有细胞毒性，对培养有一定影响。

（3）中空纤维细胞培养　适用于贴壁依赖型细胞培养，是一种三维细胞培养方法，中空纤维提供细胞近似生理条件的体外生长微环境，可实现类似活体组织的多层细胞培养，克服转瓶培养、微载体等二维细胞培养方法的接触性抑制导致细胞滞缓生长的缺点。

（4）悬浮培养　细胞在细胞生物反应器中悬浮生长，主要用于非贴壁依赖型细胞的培养，对于贴壁依赖型细胞，必须通过一些措施使细胞悬浮生长。缺点是细胞生长密度低。

（5）固定化培养　适用于贴壁依赖型和非贴壁依赖型细胞，是一种将细胞固定在载体上进行培养的方法，优点是细胞生长密度高，抗搅拌剪切力破坏和抗污染能力强。制备固定化细胞的方法有吸附法、贴附法、交联法、包埋法和微囊法等。微囊法是将细胞包在微囊里，使细胞不能逸出而小分子物质和营养物质可以自由出入，以减少细胞损伤，细胞生长状态良好，细胞密度大大提高。

3. 细胞大规模培养方式　无论是贴壁依赖型还是非贴壁依赖型细胞，培养方式均可分为分批式、流加式、连续式、灌注式和半连续式培养 5 种。

（1）分批式培养　将细胞和培养基一次性装入细胞生物反应器内，培养一段时间后收获。这种方式较为常用，优点是操作简便；缺点是细胞所处环境时刻发生变化，不能始终处于最优培养条件，大量积累的代谢物会影响细胞生长，细胞密度不高，不是理想的培养方式。

（2）流加式培养　与分批式培养区别在于：流加式培养过程有新鲜营养成分持续补充。优点是通过调节营养成分浓度，可避免某种营养物质浓度过高或过低对细胞生长产生影响；缺点是新鲜营养成分的加入使细胞培养体积不断增大。

（3）半连续式培养　又称为反复分批式培养或换液培养。优点是培养过程先取出部分包含细胞的旧培养液，再补充新鲜营养成分，比较适合胞内表达型的生产，可以保持细胞培养体积不变，可反复收获产物；缺点是细胞被反复取出，会影响细胞密度。

（4）连续式培养　与半连续式培养的区别在于，连续式培养将包含细胞的旧培养液连续取出，新鲜营养成分连续加入，比较适合胞内表达型产物的生产。优点是可调节营养成分浓度，细胞始终处于最优培养条件，代谢产物不会影响细胞生长，可持续收获产物，可保持细胞培养体积不变；缺点是细胞被不断取出，会影响细胞密度，该方式已广泛应用于非贴壁依赖型细胞的培养。

（5）灌注式培养　和连续式培养一样，新鲜营养成分连续加入，区别在于灌注式培养采用了细胞截留装置，连续取出的旧培养液不包含细胞，细胞始终被截留在细胞生物反应器内，比较适合胞外分泌型产物的生产，具有连续式培养的所有优点，且不会影响细胞密度。

二、下游工艺

下游工艺即疫苗的分离纯化，因为通过微生物发酵技术、细胞培养技术获得的发酵液或培养液，成分非常复杂，除了目标产物，还包含细胞、细胞碎片、蛋白质、多糖、核酸等各种杂质，必须经过分离纯化才能获得符合质量和安全要求的产品。纯化分离的目的是去除杂质，减少产品体积和浓缩最终产品。分离纯化方法会影响目标产物的产量、纯度和活性，应根据目标产物的特性和用途、产品的质量和安全要求、经济成本等因素设计合适的分离纯化方案。

1. 细胞破碎 胞外产物可直接进行纯化，而胞内产物必须通过细胞破碎使目标产物从胞内释放，才能进行纯化。细胞破碎的方法有高压匀浆法、超声破碎法和酶裂解法等，其中，高压匀浆法、超声破碎法适合大规模生产，但不适合温度敏感的目标产物，酶裂解法成本高，不适合大规模生产。在设计破碎方案时，应综合考虑产物释放率、能耗、后期纯化等因素。

2. 离心沉降技术 可以利用离心的方式使细胞、细胞碎片、蛋白质沉淀物、病毒颗粒等沉降，主要采用沉降速度法和沉降平衡法，沉降速度法主要用于分离沉降系数相差达一个数量级以上的物质，沉降平衡法主要用于分离沉降系数相差不到一个数量级的物质，常用的沉降平衡法为密度梯度离心法。

3. 膜分离技术 是利用分子量的差异，在压力推动下实现分离的技术，常用的有微滤法和超滤法。微滤主要用于除菌过滤、细胞收集和产品的澄清，采用的微滤膜孔径为 0.1 ~ 10um，膜堵塞、膜孔径、膜析出物或溶出物是需要考虑的问题；超滤主要用于大分子物质的分离、浓缩、精制和透析，采用的超滤膜孔径为 0.001 ~ 0.1um，膜污染、浓差极化、膜孔径、膜析出物或溶出物是需要考虑的问题。

4. 层析技术 利用不同物质理化性质的差异建立起来的技术。层析系统一般由两个相组成：一是固定相，另一是流动相。当待分离的物料随流动相通过固定相时，由于物料中各组分存在差异，如吸附、溶解、结合能力或分子大小等，各组分会分步或洗脱流出，从而达到将各组分分离的目的。

第六节 疫苗的质量控制

疫苗是一种特殊的药品，主要用于健康人尤其是儿童预防疾病，质量优劣直接关系健康和生命安全，因此必须控制疫苗的有效性和安全性，质量控制包括原材料控制、生产过程控制和产品检验等。

一、原材料控制 📱微课7-4

原材料包括生产用水、器材、试剂、动物、菌毒种、生产用细胞等。对于需要采购的原材料，应对供应商进行评估并签订合同和质量协议以确保物料的质量和持续稳定性。使用前由质检部门检验合格。动物应使用清洁级，符合《实验动物管理规程》，使用要有详细记录。菌毒种应建立原始种子批、主种子批和工作种子批。种子批应全面检定并具有清晰的来源、鉴定等完整资料。生产用细胞应建立原始细胞库、主细胞库和工作细胞库，应提供细胞的完整资料。对于生产基因工程疫苗的细胞，还应提供表达载体的详细资料。

二、生产过程控制

疫苗的质量不是检定出来的，而是生产出来的，需要对生产过程进行最大可能的控制，包括环境、人员、设施设备、试剂、物料、操作等，必须严格遵守《中国药典》、GMP和标准操作规程。

三、产品检验

疫苗在出厂前必须按照《中国药典》的要求进行严格的质量检定，以保证安全有效。检定项目、检定方法和质量标准都应有明确规定，围绕安全性、有效性、稳定性三个方面展开。

1. 安全性检定 包括病原微生物杀灭效果、灭活剂和防腐剂含量、毒性、过敏原残留、无菌、热原等检查。

2. 有效性检定 包括动物保护力试验、活菌率、病毒滴度、血清学试验等。

3. 稳定性检定 长期稳定性、热稳定性等。

疫苗检定多采用生物学方法，部分试验需要在实验动物上开展，动物个体差异、饲养环境等因素都会对检定结果造成影响，使检验结果重复性不高，因此必须对检定方法进行标准化、可信性研究或建立准确简便的检定方法，以提高疫苗检定质量。

四、疫苗法规和监管

1. 疫苗管理法 疫苗是关系国家安全和国民健康的特殊药品，每个国家都为疫苗的开发、生产和储备投入了巨大资源。疫苗的安全性和有效性也一直是疫苗开发和生产的关键。疫苗管理法是覆盖疫苗产业规划、研发、生产、流通、使用和监管的指导法规。

2. 药品生产质量管理规范（GMP） 又称为cGMP，c代表现行的或最新的，提醒生产疫苗的企业要运用先进的技术和生产系统以符合最新法规。目前世界各国普遍采用的对药品（包括疫苗）生产过程和产品质量进行全过程、全方位管理的法律法规，由各国管理药品部门发布，如我国国家药品监督管理局（NMPA）、美国FDA、欧洲EMA等。

3. 疫苗监管 药品监督管理部门、卫生健康主管部门按照各自职责对疫苗研制、生产、流通和预防接种全过程进行监督管理，监督疫苗上市许可持有人、疾病预防控制机构、接种单位等依法履行义务。药品监督管理部门依法对疫苗研制、生产、储存、运输以及预防接种中的疫苗质量进行监督检查。卫生健康主管部门依法对免疫规划制度的实施、预防接种活动进行监督检查。

4. 疫苗生产质量管理的特殊性 疫苗生产使用的是生物系统，受生产方法、生产控制和检测方法的影响而具有不确定性，要生产出稳定性好、重复性好、质量高的疫苗具有相当高的挑战性，必须对生产条件进行严密监控；灭活或减毒活疫苗分子质量大且复杂，需要使用更加先进的分析检测方法；疫苗用于健康人体，特别是儿童，安全性要求极高；疫苗的注册申报需要提供包括研发和生产的一整套文件，批准后仍然需要继续评估安全性；传统疫苗最关键的原料是活的细菌或病毒，生产过程存在生物安全问题，必须对人员、环境等因素和生产各环节进行严格控制，以避免感染风险。

5. 疫苗生产设施、设备和验证 包括生产设施的设计和验证、设备的设计和验证、清洁验证和工艺验证。生产设施的设计应遵循《医药工业洁净厂房设计规范》（GB 50457）等国家制定的设计规范，并经验证后才能投入使用；设备验证一般包括设计确认、安装确认、运行确认和性能确认，除了初次投入使用的验证外，在后续的使用过程中还需要定期进行再确认；工艺验证的目的是使生产、检验全过程可控，确认生产工艺的重复性和稳定性。

6. 疫苗生产管理技术 疫苗以复杂的生命体系为生产基础，存在各种不稳定性因素，因此质量监控和过程分析在控制生产过程的重复性和产品的质量重现性发挥重要作用，包括过程分析技术（PAT）、质量源于设计的概念和实验设计方法和Ⅰ、Ⅱ、Ⅲ期临床试验产品的质量保证。2022年7月，国家要求疫苗生产企业实施信息化管理系统，其内容涵盖生产计划管理、物料管理、设备管理、数据管理、质量分析等，也将推动疫苗管理方式和水平跨越提升。

（1）过程分析技术（PAT） 美国FDA定义为通过测量影响关键质量属性的关键工艺参数来设计、分析和控制药品生产过程，其目的是鼓励开发更好的分析方法来监控生产过程、增进对生产过程的了解。产品的质量不能仅依赖于最终产品的分析测试，而应该更有利于贯穿整个生产过程的分析方法设计和中间产品的分析测试。

（2）质量源于设计 "质量源于设计"在小分子药物生产上早已被接受和广泛采用，近年来，已渗透到疫苗等生物大分子领域。"质量源于设计"强调前期研发和设计的重要性，对生产和产品的密切监视以及中间品等即时产品的测定，对产品和生产过程的理解，用风险评估的方法鉴别关键质量属性和关键工艺参数等（图7-5）。

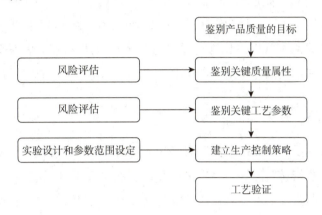

图7-5 "质量源于设计"具体过程

（3）Ⅰ、Ⅱ、Ⅲ期临床试验产品的质量保证 疫苗在上市前需要经历几个产品开发阶段。第一阶段，实验室研究结果获得疫苗候选品种，进行实验室小规模生产，产品用于临床前研究，一旦临床前试验证明疫苗的安全性和有效性，就会考虑进入第二阶段，将实验室小规模生产进行工业化大规模生产，产品用人体临床试验，即Ⅰ、Ⅱ、Ⅲ期临床试验，同时伴随着工业化大规模生产过程的进一步优化。

第七节 疫苗的评价

疫苗的目的是保护公众健康，降低发病率和死亡率，但即使被公众认为最安全的疫苗也可能发生不良反应，因此除了严格控制疫苗质量，还需要对疫苗进行科学、客观的评价。按照评价内容可分为安全性评价和有效性评价，按照评价时间和方式可分为临床前研究、临床试验、特定免疫人群监测、流行病学评价和真实世界研究等。

一、疫苗有效性评价

疫苗有效性评价的目的是减少疾病发病率、重症率、死亡率等，通过检测疫苗接种后的免疫学指标对疫苗效果进行评价。疫苗的有效性依赖于其刺激机体免疫系统的反应如何，而疫苗的质量及机体对疫苗刺激的反应，也决定着疫苗的安全性和可接受性。因此，深入了解疫苗所诱导的免疫学反应，对分析和评价疫苗的效果及对疫苗的开发研制都具有较大意义。

1. 疫苗诱导的免疫学效应 包括固有免疫应答和特异性免疫应答。固有免疫应答是疫苗诱导首先引起的免疫反应，包括炎症介质的产生和释放、中性粒细胞和单核细胞的迁移、单核细胞的成熟、单核－巨噬细胞的吞噬作用、补体的激活等。特异性免疫应答包括 T、B 淋巴细胞的活化增殖和分化、抗体的中和作用、自然杀伤细胞和细胞因子的调节作用等。

2. 疫苗效果的体液免疫指标和测定　体液免疫指标包括 B 细胞功能和抗体，抗体是评价疫苗效果的重要指标，抗体阳转率可以评价疫苗的免疫原性，抗体阳转率、抗体滴度、抗体持续时间、不同抗体亚型可以评价疫苗的免疫效果。B 细胞的功能检测有转化试验和增殖试验，可采用 MTT 法、形态学法等方法；抗体检测方法有凝集反应、沉淀反应、中和试验、补体结合试验等。

3. 疫苗效果的细胞免疫指标和测定　细胞免疫指标包括 T 细胞功能、杀伤细胞的细胞毒作用和细胞因子。T 细胞功能检测包括转化试验和增殖试验；杀伤细胞包括巨噬细胞、自然杀伤细胞、细胞毒性 T 细胞等，可采取多种方法检测杀伤细胞的细胞毒作用。细胞因子的检测包括生物活性测定法、免疫学测定法和分子生物学测定法。生物活性测定法检测的是利用细胞因子的不同生物学活性进行检测，常用 MTT 法等；免疫学测定法是将细胞因子作为抗原进行检测，常用 ELISA 法等；分子生物学测定法通过检测细胞因子的核酸来反映细胞因子水平，常用 PCR 法等。

二、疫苗安全性评价

疫苗安全性评价的目的是了解疫苗不良反应以及不良反应是否可接受，需根据不同疫苗的特点选择合理的安全性观察指标，要密切监测好和收集全部受试者的严重不良反应。在各种疫苗的应用过程中，发生了一些疫苗安全性问题甚至灾难，对公众健康造成了不同程度的损害，疫苗生产过程每一步的改变都需要进行严格的质量控制，对疫苗上市后的安全性进行严密监测。

🔖 知识链接

疫苗安全事件

1. 巴西狂犬病疫苗事件　1960 年，巴西福塔雷萨地区曾发生过一起惨痛的狂犬病疫苗安全事故。18 名儿童在接种狂犬病疫苗后因患狂犬病而死亡。原因是疫苗在病毒收获液灭活工艺处理时不彻底，导致存活的狂犬病毒接种入人体，18 名儿童因感染狂犬病毒而死亡。

2. 金葡菌污染白喉疫苗事件　早期使用的白喉疫苗是白喉类毒素和白喉抗毒素的混合物。在澳大利亚的 Bundaburg，由于这种白喉疫苗在生产过程中没有加防腐剂，其中一瓶疫苗被金黄色葡萄球菌污染。在 21 名接种该瓶白喉疫苗的儿童中，有 12 名死于败血症。

1. 疫苗预防接种异常反应　包括轻微的局部和全身反应，较重的局部和全面反应，以及接种疫苗后的并发症。轻微的局部和全身反应主要有注射部位红肿和疼痛、低热、全身不适或肌肉抽搐等；较重的局部和全面反应主要有接种部位红肿、高热、食欲减退、嗜睡、呕吐等。接种疫苗后的并发症可能出现脑膜炎、休克、血小板紫癜、带状疱疹、外周性神经炎、过敏等。严重的、罕见的不良反应需要大样本临床研究才能发现，有时还需要上市后进行进一步研究。

2. 偶合征　指受接种者正处于某种疾病的潜伏期，或者存在尚未发现的基础疾病，接种后巧合发生（复发或加重），不属于疫苗预防接种异常反应。

3. 疫苗预防接种异常反应相关法规　包括《疫苗流通和预防接种管理条例》《预防接种异常反应鉴定办法》《全国疑似预防接种异常反应监测方案》等。

三、疫苗评价一般原则

采用随机、双盲、对照的方法进行评价；样本量需足够大；疫苗的安全性是首先评价和考虑的因素；预先设计表征疫苗效果的指标、判定标准和方法，通过分析、判定各项指标来评价疫苗效果；进行流行病学调查，考虑不同型和亚型的交叉保护。

四、疫苗临床前研究

目的是获取疫苗安全性数据以支持或否定临床试验或注册上市，安全性数据包括单次给药和多次给药的一般毒理学试验、局部耐受性试验、生殖毒性试验和安全药理学试验等。研究方案应包括疫苗类型、目标群体、剂量水平、给药途径、制剂类型、实验动物种系、免疫接种程序和观察指标等，研究应遵循《药物非临床研究质量管理规范》（GLP）等相关法规和国家市场监督管理总局、WHO、人用药品技术要求国际协调理事（ICH）、美国 FDA、欧洲 EMA 等发布的指导原则（表7-1）

表 7 –1 疫苗临床前研究指导原则

颁布机构	指导原则名称
国家药品监督管理局药品审评中心	《预防用生物制品临床前安全性评价技术审评一般原则》
	《预防用疫苗临床前研究技术指导原则》
	《预防用 DNA 疫苗临床前研究技术指导原则》
	《联合疫苗临床前和临床研究技术指导原则》
WHO	《WHO：Guidelines on Nonclinical Evaluation of Vaccines》
	《Guidelines on Nonclinical Evaluation of Vaccines Adjuvantes and Adjuvanted Vaccines》
	《Guidelines for Assuring the Quality and Nonclinical Evaluation of DNA Vaccines》

五、疫苗临床试验

疫苗临床试验包括 Ⅰ、Ⅱ、Ⅲ、Ⅳ期临床试验，临床试验必须遵循公认的伦理原则，包括《赫尔辛基宣言》、知情同意书、方案的科学和伦理性审核。疫苗上市前，通过 Ⅰ、Ⅱ、Ⅲ 期临床试验评估安全性和有效性，使用的疫苗为小批量生产或受试人群有限。疫苗上市后，通过Ⅳ期临床试验评价疫苗安全性和有效性并进行质量监测，使用的疫苗是大规模生产，受试人群广泛。

1. Ⅰ期临床试验 重点考察安全性，为Ⅱ期临床试验的接种剂量、途径和程序提供依据。

2. Ⅱ、Ⅲ期临床试验 是在Ⅰ期临床研究的基础上，进一步观察疫苗安全性，并进行有效性、接种剂量、途径和程序研究。

3. Ⅳ期临床试验 通过监测大量目标人群常规使用疫苗的各种情况，进一步考察安全性、有效性、稳定性等。

六、上市后疫苗安全性评价

对上市后的疫苗进行被动监测和主动监测是常用的上市后监测安全性的方法，目前被广泛使用。

1. 被动监测 指预防接种的医生或护士、接种者将他们认为和免疫接种相关的不良反应事件提交到疑似预防接种异常反应（adverse event following immunization，AEFI）系统。AEFI 系统由中国疾病预防控制中心在 2005 年建立，是覆盖全国上市后疫苗安全性的被动监测系统。被动监测可能发现罕见及严重不良反应，还可发现预防接种异常反应率增高的疫苗批次。

2. 主动监测　指在被检测人群接种疫苗后，对临床结果进行分析和观察，计算不良反应率，可最大限度降低漏报率，对被动监测系统发出的不良反应信号及时开展深入细致的调查，是被动监测系统的补充，包括特定人群监测、流行病学评价等。

3. 特定人群监测　疫苗有效性评价通常以正常人群作为研究对象，但一些特定人群不可避免地要接种疫苗，可能会引起特殊的异常反应或影响疫苗效果，通过扩大人群观察数量使发生率较低的不良反应得以被发现，或者有目的地对特定人群进行监测以防患于未然。

4. 流行病学评价　指利用流行病学研究群体疾病的方法来评价疫苗的有效性。所有疫苗都必须进行流行病学评价，包括制订疫苗作用策略、流行病学设计、流行病学指标和评价方法、流行病学分析监测等，达到有效预防、控制乃至消灭传染病的目的。

七、疫苗注册

疫苗是一种特殊的药品，为了保障公众健康，我国发布了《疫苗管理法》《药品注册管理办法》来指导疫苗注册工作。

1. 疫苗注册　疫苗注册申请人依照法定程序提出疫苗注册事项，疫苗监督管理部门基于法律法规和科学认知对疫苗进行安全性、有效性等审查，做出是否同意疫苗注册事项的过程。

2. 疫苗注册事项　包括临床试验申请、药品上市许可申请、补充申请、再注册申请、备案和报告等。

3. 疫苗注册标准　安全有效，安全第一位，有效第二位，只有兼具安全性和有效性的疫苗才有可能成功注册上市。

书网融合……

本章小结　　微课 7 - 1　　微课 7 - 2　　微课 7 - 3　　微课 7 - 4

拓展 7 - 1　　拓展 7 - 2　　拓展 7 - 3　　拓展 7 - 4

第八章　超敏反应

学习目标

1. 掌握 Ⅰ型超敏反应。

2. 熟悉 引起过敏的药物和食物；药物过敏的预防；食物过敏的预防和治疗。

3. 了解 4种类型超敏反应；政府对致敏性药物和食物过敏原的管理，企业对致敏性药物和食物过敏原的管控。

课前思考

1. 抢救过敏性休克的首选药物是什么？

2. 仔细观察过敏反应基本过程，可以从哪些角度出发开发相应的抗过敏药物？

3. 在临床检查中，检测结果经常会出现总IgE为阳性而所有特异性过敏原IgE为阴性，如何解释？

4. GMP规定，生产特殊性质的药品，如高致敏性药品（如青霉素类），必须采用专用和独立的厂房、生产设施和设备。为什么？

5. 只对花生过敏的患者，食用了不含花生成分的食品后却发生过敏，请问为什么？

6. 如何预防食物和药物过敏？

第一节　超敏反应概论

一、超敏反应的类型

超敏反应是不正常的免疫应答，分为4种类型，分别是Ⅰ型、Ⅱ型、Ⅲ型、Ⅳ型超敏反应，下面列出了4种类型超敏反应的特点（表8-1）。

表8-1　4种类型超敏反应比较

特点	Ⅰ型	Ⅱ型	Ⅲ型	Ⅳ型
别名	速发型、变态反应、过敏反应	细胞溶解型	免疫复合物型	迟发型
介导的抗体	IgE	IgG、IgM	IgG、IgM	致敏T细胞
过敏原	花粉、尘螨、真菌孢子、皮屑等，食物，药物	药物、溶血性链球菌、血型抗原、白细胞抗原、变异的自身抗原、隐蔽抗原	药物、病原微生物、异种动物血清、变性DNA、肿瘤抗原	结核分枝杆菌、麻风分枝杆菌等胞内寄生菌，化妆品、油漆、药物、染料等，异体组织器官
启动因素	抗原刺激机体产生抗体	抗体和细胞表面抗原结合或抗原-抗体复合物吸附到细胞表面	中等大小可溶性抗原-抗体复合物沉积在组织表面	抗原刺激机体产生致敏T细胞

二、Ⅰ型超敏反应 🇪微课

Ⅰ型超敏反应又称过敏反应，是一个复杂的、多因素效应的自然现象，除外界影响因素（如药物、微生物感染）外，还与机体自身遗传因素密切相关。过敏反应的特点：发生快、消退快；生理功能紊乱，无组织损伤；有明显个体差异；有遗传倾向。

1. 过敏原 即致敏原或变应原，是能够引起过敏的抗原。过敏原可以是完全抗原，如微生物、花粉、食物、异种抗体药物等，也可以是半抗原，如青霉素等药物。

2. IgE 正常人体内含量极低，过敏患者体内含量明显升高，IgE 主要存在于变应原容易侵入的皮肤、气管、胃肠道等黏膜下。

3. 肥大细胞和嗜碱性粒细胞 参与过敏反应的主要效应细胞，肥大细胞主要存在于变应原容易侵入的皮肤、胃肠道等黏膜下，嗜碱性粒细胞主要存在于血液中，两种细胞内均含有大量能够引起过敏的白三烯、组胺等生物活性介质。

4. 基本过程 过敏原初次进入机体，刺激机体产生针对过敏原的 IgE，IgE 是一种亲细胞抗体，能够结合到肥大细胞和嗜碱性粒细胞表面，使机体处于致敏状态。当过敏原再次进入机体，过敏原和 IgE 结合，介导肥大细胞和嗜碱性粒细胞脱颗粒，释放组胺、白三烯等生物活性介质，引起局部或全身性过敏反应（图 8 - 1）。

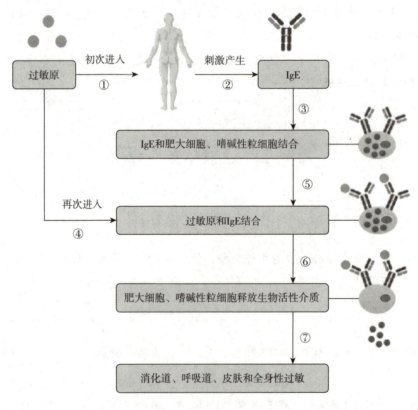

图 8 - 1 过敏反应基本过程

5. 引起过敏的生物活性介质

（1）组胺 能够引起平滑肌收缩、毛细血管扩张、血管通透性增加，作用于神经末梢引起痒感。

（2）白三烯 花生四烯酸衍生物，能够引起平滑肌强烈持久收缩、痉挛。

（3）激肽酶原 能够促进血浆缓激肽等激肽类物质转换和释放，引起平滑肌收缩、毛细血管扩张、血管通透性增加，作用于痛觉神经引起疼痛。

（4）嗜酸性粒细胞趋化因子　能够趋化嗜酸性粒细胞向局部聚集，对过敏反应起负调节作用。

（5）血小板活化因子　花生四烯酸代谢产物，能够凝聚并活化血小板使之释放组胺，能够引起平滑肌收缩、毛细血管扩张、血管通透性增加。

（6）前列腺素 E　花生四烯酸代谢产物，能够引起平滑肌收缩、毛细血管扩张，高浓度抑制组胺释放、低浓度促进组胺释放。

（7）细胞因子　IL-4 是诱导 B 细胞合成 IgE 的重要因子。

6. 过敏症状　过敏是一种全身性疾病，症状会发生在机体不同部位。严重过敏反应涉及多个部位，会危及生命。大多数情况，症状只涉及一到两个部位，如皮肤、呼吸道、消化道等。

（1）皮肤　可能的症状有荨麻疹、皮炎、血管性水肿等，婴儿和幼儿主要表现为湿疹、风疹等。皮肤高度敏感者在接触过敏性食物时也可诱发症状。

（2）消化道　与食物过敏原接触最直接和最多的部位是消化道，是过敏反应最常发生的部位，可能的症状有唇、舌发痒或肿胀，拒食，嗜食，呕吐，腹泻，便秘；过敏性疾病有变应性嗜酸性粒细胞胃肠病、婴儿肠绞痛等。

（3）呼吸道症状　可能的症状有支气管哮喘、过敏性鼻炎和过敏性咽炎等。食物诱发的哮喘在婴儿比较多见，一般不引起过敏性鼻炎。呼吸道高度敏感的患者吸入过敏性食物气味时也会诱发症状。

（4）过敏性休克　最严重的过敏反应，是全身性反应，会危及生命，症状包括荨麻疹、低血压、喉水肿等，但发病率较低。

第二节　药物与过敏反应

一、引起过敏的药物

引起过敏的药物主要有抗菌药物、含碘制剂以及某些局部麻醉药物、肿瘤化疗药物、中成药和生物制品等，同类药物之间可能存在交叉过敏（表 8-2）。

表 8-2　引起过敏的药物

药物分类		代表药物	注意事项
β-内酰胺类	青霉素类及其衍生物	青霉素 G、苄星青霉素、青霉素 V、苯唑西林、氯唑西林、氨苄西林、阿莫西林、哌拉西林、美洛西林等	交叉过敏、过敏禁用
	头孢菌素类	头孢唑林、头孢拉定、头孢氨苄、头孢呋辛、头孢克洛、头孢噻肟、头孢曲松、头孢他啶、头孢哌酮、头孢吡肟等	交叉过敏、青霉素过敏慎用
	头霉素类	头孢西丁、头孢美唑、头孢米诺、头孢哌酮舒巴坦	
	氧头孢烯类	拉氧头孢	
	单环类	氨曲南	和青霉素无交叉过敏
	碳青霉烯类	亚胺培南、美罗培南、厄他培南	青霉素过敏慎用
磺胺及磺胺类衍生物	磺胺类抗菌药	磺胺、磺胺嘧啶	交叉过敏、过敏禁用
	磺胺脲类降糖药	格列本脲、格列齐特、格列喹酮	
	利尿剂	吲达帕胺、氢氯噻嗪	
	痛风药	丙磺舒	

续表

药物分类	代表药物		注意事项
磺胺及磺胺类衍生物	麻风病药	氨苯砜	交叉过敏、过敏禁用
	非甾体抗炎药	塞来昔布	
	碳酸酐酶抑制剂	乙酰唑胺	
硝基咪唑类	抗菌药	甲硝唑、奥硝唑、替硝唑	交叉过敏、过敏禁用
大环内酯类	抗菌药	红霉素、克拉霉素、阿奇霉素、麦迪霉素、罗红霉素	交叉过敏、过敏禁用
氨基糖苷类	抗菌药	链霉素、卡那霉素、妥布霉素、庆大霉素、阿米卡星、奈替米星	交叉过敏、过敏禁用
吩噻嗪类	抗精神病药	氯丙嗪、奋乃静、氟奋乃静	交叉过敏、过敏禁用
	H_1-受体阻断药	异丙嗪	
含碘制剂	口腔科用药	西地碘	过敏禁用
	X线造影剂	碘克沙醇、复方泛影葡胺、碘海醇	
	抗心律失常药	胺碘酮	
生物制品	病毒疫苗	腮腺炎病毒疫苗等	鸡蛋过敏禁用
	免疫调节剂	甘露聚糖肽	过敏禁用
	抗毒素	破伤风抗毒素	过敏禁用
	细胞因子	重组牛碱性成纤维细胞生长因子	过敏禁用
	血液制品	人血白蛋白等	过敏禁用
	促凝血药	鱼精蛋白	鱼精蛋白过敏慎用
局部麻醉药		普鲁卡因、丁卡因	交叉过敏、过敏禁用
		利多卡因、布比卡因、罗哌卡因	交叉过敏、过敏禁用
中成药		清开灵注射剂、双黄连注射剂、香丹注射剂、参麦注射剂、鱼腥草注射剂	过敏禁用
肿瘤化疗药		顺铂、卡铂	交叉过敏、过敏禁用
		环磷酰胺、卡莫司汀	交叉过敏、过敏禁用
		甲氨蝶呤、紫杉醇、长春新碱	过敏禁用

二、致敏性药物的管理和控制

政府和企业按照《药品生产质量管理规范》（2023 年修订）的要求对致敏性药物进行管理和控制，包括厂房、设施、设备、物料、仓库、人员等因素，通过制定有效的控制措施来降低污染和交叉污染的风险，例如，将含过敏原成分的药品生产线和其他药品生产线进行物理隔离，使用独立的空气气流，采用专用的生产线，建立专用仓库，生产设备易于拆卸和清洗，不同药物共线生产必须采用经过验证的清洁方法等。

> 🔗 知识链接
>
> ### 药品生产质量管理规范
> ### （2023 年修订）
>
> 第四十六条　为降低污染和交叉污染的风险，厂房、生产设施和设备应当根据所生产药品的特性、工艺流程及相应洁净度级别要求合理设计、布局和使用，并符合下列要求：

（一）应当综合考虑药品的特性、工艺和预定用途等因素，确定厂房、生产设施和设备多产品共用的可行性，并有相应评估报告。

（二）生产特殊性质的药品，如高致敏性药品（如青霉素类）或生物制品（如卡介苗或其他用活性微生物制备而成的药品），必须采用专用和独立的厂房、生产设施和设备。青霉素类药品产尘量大的操作区域应当保持相对负压，排至室外的废气应当经过净化处理并符合要求，排风口应当远离其他空气净化系统的进风口。

（三）生产 β－内酰胺结构类药品、性激素类避孕药品必须使用专用设施（如独立的空气净化系统）和设备，并与其他药品生产区严格分开。

三、药物过敏的预防

1. 主动把药物过敏史告知医生，在用药期间如果出现不明原因的发烧、皮疹、胸闷、恶心等过敏现象时，应及时考虑药物过敏反应并请医生做出诊断和治疗。

2. 通过皮试来防止严重的药物过敏事件。

3. 切忌用药过多、过乱、过杂、剂量过大，注意药物的交叉过敏和多价过敏现象。例如，青霉素和阿莫西林之间存在交叉过敏现象。

4. 要警惕西药和中药所致的光敏反应。例如，服用磺胺类等西药和补骨脂等中药后，若受强光照射，可能会在裸露部位出现晒斑、皮炎或疼痛等症状。

5. 复合制剂药物在应用前一定要仔细阅读药品说明书，判断药物组分中是否含有曾经引起过敏的药物。

第三节　食物与过敏反应

一、引起过敏的食物

理论上来说，任何食物都能导致过敏，按照美国 FDA 的统计，有超过 160 种食物能够引起过敏，主要有 8 种：牛奶、鸡蛋、花生、坚果、大豆、小麦、鱼和海鲜，能通过人乳传递的过敏原有牛奶、鸡蛋、大豆等。食品农药残留超标及非法添加物是导致食物过敏反应增加的原因之一。

1. 蛋类　蛋类过敏的主要症状为腹痛、恶心、呕吐和皮肤瘙痒等，一般不致命，但发病率无论在儿童还是成人中都较高。蛋类过敏原有卵清蛋白、溶菌酶、卵类黏蛋白、卵转铁蛋白和卵黏蛋白等，其中卵类黏蛋白是主要过敏原。蛋类过敏原耐高温，经高温处理，致敏性有明显减弱但不会消失。

2. 牛奶　牛奶引发儿童过敏发生率为 0.3% ~ 7.5%，随年龄增长，致敏性显著降低，由于婴儿和儿童耐受力有限，过敏一旦发生，结果往往比较严重。牛奶过敏原有酪蛋白、乳球蛋白、乳清蛋白和牛血清白蛋白等，其中酪蛋白的稳定性最好。

3. 花生　花生过敏较为普遍，引起死亡率最高，不易随年龄增长致敏性降低。花生过敏原有 11 种，Ara h1 ~ Ara h11，90% 的花生过敏由 Ara h1 和 Ara h2 引起。花生过敏原稳定性好，加工方式很难完全消除致敏性。

4. 大豆　大豆过敏原有种子储藏蛋白、结构蛋白和防御相关蛋白。大豆过敏主要表现为胃部不适或过敏性皮炎，主要症状为口周红斑、唇肿、口腔疼痛、舌咽肿、恶心、呕吐等，严重时会引起休克，发病率较高，一般不致命。

5. 小麦　小麦过敏主要表现为皮肤、内脏和呼吸道方面的症状，可能会引起麸质敏感性肠病，发病率高达 0.5%，常发展为肠癌。小麦过敏原有单体蛋白质醇溶蛋白、抑制蛋白、非特异性脂质转移蛋白、凝集素、硫氧还蛋白和谷蛋白等，其中单体蛋白质醇溶蛋白是主要过敏原，约占小麦总蛋白 40%。

6. 其他食物　杏仁、腰果和核桃等坚果引起过敏的比例较高。鱼类过敏原主要有小清蛋白，具有较高的热稳定性。甲壳类过敏原主要有原肌球蛋白。

7. 食品添加剂　人工色素、香料、防腐剂引起的过敏反应较为常见。防腐剂如亚硫酸盐成分会引起荨麻疹等过敏反应；小部分糖皮质激素依赖哮喘患者会发生严重过敏反应，导致致死性呼吸衰竭；安息香酸盐可能引起荨麻疹，少数可能引起哮喘。一般来说，批准的人工色素不是过敏反应的主要原因，偶氮染料酒石黄可能引起荨麻疹和哮喘。常用的香料谷氨酸钠可能引起哮喘。肉、蛋、奶中残留的抗菌药物可能会引起过敏反应，一般引起荨麻疹等常见过敏反应，严重者会出现过敏性休克、死亡，这种情况较为少见。

8. 转基因食品　转基因食品添加的外源性基因对于人体来说可能是过敏原，所以转基因食品存在过敏的可能性。含有已知过敏原（如豌豆、小麦、鸡蛋、牛奶、坚果等）基因的转基因食品都可能引发易感人群过敏。任何新的转基因食品商业化之前，都需要进行致敏性评估。

二、食物过敏原的特点

1. 高稳定性　一些食物过敏原对热、酸和蛋白酶具有高度稳定性，在经过烘烤、干燥等高强度食品加工方法处理后，活性有所降低，但仍能保持较强的稳定性。高稳定性是食品过敏原难以控制的重要因素之一。

2. 食物过敏成分种类少　例如，牛奶过敏成分只有酪蛋白、牛血清白蛋白等少数几种，这些蛋白不具有热稳定性。在采取防止过敏反应的措施时，一定要清楚过敏食物的过敏成分和特性，以便能更好地做到有的放矢。

3. 食物过敏原存在交叉反应　许多食物过敏原是蛋白质，不同过敏原之间存在的共同抗原表位，会引起交叉反应。例如，交叉反应存在于牛奶和羊奶之间，但不存在于牛奶和牛肉之间。植物蛋白的交叉反应较动物蛋白明显，例如，对大豆过敏的个体有可能也会对其他豆科植物过敏。

4. 食物中间代谢产物会引起过敏　一些过敏性食物经消化后才具有致敏活性，食物加工处理和过敏评价等过程要考虑这方面问题。

三、食物加工对过敏原的影响

食物加工对食物过敏原有很大影响。通过食物加工降低过敏的方法有很多，国内外普遍采用加热、辐照、高压、糖基化修饰、酶解等加工方法，这些方法能够改变过敏原的结构、性质，进而改变其致敏性，多种加工技术较单一加工技术在减少致敏性方面相对较好，更加安全、无害、高效的脱敏技术有待进一步地探索和研究。

1. 加热处理　对于大多数食物蛋白质，热处理会导致蛋白质交联、聚合、变性等，可以在一定程度上破坏蛋白质抗原的构象表位，导致致敏性降低。热处理可能暴露蛋白质抗原内部抗原表位、增加线性表位稳定性，导致致敏性增加。有些蛋白质抗原具有极端热稳定性，热处理对致敏性影响不大。

2. 辐照处理　辐照处理会导致食物蛋白质脱氢、脱羟、交联、降解等化学反应，可使致敏性降低，甚至完全丧失。

3. 高压处理　高压处理只对氢键、离子键、疏水键等产生影响，对共价键不会产生影响。高压处理通过影响食物蛋白质二、三级结构来降低致敏性。

4. 糖基化修饰　美拉德反应可以将蛋白质进行糖基化修饰，可降低致敏性。

5. 酶解　蛋白酶通过水解蛋白质抗原表位，可显著降低致敏性。与热加工不同，酶解对抗原的线性表位影响较大。

四、政府对食物过敏原的管理

目前，食物过敏尚没有有效的治疗措施，只能通过避免摄入来预防。因此，明确的过敏原标识可以为消费者规避过敏原提供关键信息。欧盟委员会颁布《新食物标识法》，美国颁布《食品安全现代化法》，都对过敏原的标识有强制规定，如果违反，将受到刑事、民事、扣留不符合要求产品等处罚。

五、食品企业对食物过敏原的管控

食品企业可通过多种方式来降低过敏原交叉污染的风险，应基于风险评估，针对高、中、低风险等级采取不同的过敏原控制策略，包括产品设计、厂房设计、原料管理、生产管理等关键过程。

1. 产品设计　产品设计时尽量避免选用含过敏原的食品原料；利用育种、基因工程等技术开发低过敏原食品原料；利用食品加工方法消除或降低过敏原食品的致敏性；利用抗过敏因子开发抗过敏或低过敏食品。

2. 厂房设计　将含过敏原成分的食品生产线和其他食品生产线进行物理隔离，使用独立的空气气流，建立过敏原仓库，生产设备易于拆卸和清洗等。

3. 原料管理　建立食物过敏原清单，加强供应商管理，建立严格的食品原料入库程序和仓库管理措施，如对含过敏原成分的食品原料进行标识，含过敏原成分的食品原料分区域存放或采取有效的防交叉污染存放措施。

4. 生产管理　将含过敏原成分的食品原料添加安排在最后一道工序；将含同一种过敏原成分的不同食品安排在同一条生产线上生产，含不同种类过敏原的食品安排在不同生产线上生产；生产设备、器材等做好清洁验证工作，避免过敏原交叉污染。整个生产过程都要进行严格的过敏原标识管理；使用专门工器具来接触含过敏原的食物原料；含过敏原废原料的处理。

六、食物过敏的预防

最有效的预防手段是明确过敏原，避免进食含过敏原的食品。明确过敏原的方法有皮肤点刺试验、血清 IgE 和 IgG_4 检测、饮食排除试验等，正在服用增强、抑制过敏反应药物的患者不宜进行皮肤点刺试验、血清 IgE 和 IgG_4 检测、食物激发试验。

1. 皮肤点刺试验　优点是易操作，安全价廉，可较快得到结果；缺点是灵敏度和特异性低，假阳性率高。很多食物可用商品化的食物提取液进行皮肤点刺试验，常用于水果和蔬菜过敏原的检测，皮肤点刺试验阴性可基本排除 IgE 介导的食物过敏。

2. 血清 IgE、IgG_4 检测　血清中存在总 IgE、过敏原特异性 IgE（sIgE）和 IgG_4。IgG_4 指向慢性食物过敏反应，即食物不耐受，患者吃了不耐受食物后数天才会出现过敏反应。血清总 IgE、sIgE 和 IgG_4 的检测需要较长时间，但结果可靠、重复性好、灵敏度好、特异性好（表 8−3）。

表 8 - 3　常见血清过敏原检测项目

抗体类别	过敏原
总 IgE	各种过敏原的总和
过敏原特异性 IgE（sIgE）	屋尘螨/粉尘螨、鸡蛋白、牛奶、牛肉、蟹、龙虾/扇贝、花生、蟑螂、猫毛皮屑、狗毛皮屑、矮豚草、艾蒿、混合草、霉菌组合、树花粉组合
食物特异性抗体 IgG₄	牛奶、鸡蛋、玉米、大豆、腰果、花生、榛子、蘑菇、菠萝、桃、西红柿、牛肉、马铃薯、猪肉、鸡肉、鳕鱼、螃蟹、虾、小麦、大麦

3. 饮食排除试验　皮肤点刺试验和血清总 IgE、sIgE 和 IgG4 检测的过敏原种类有限，大多数过敏患者很难通过检测发现过敏原，此时可通过饮食排除试验来明确过敏原，排除疑似过敏原 2～6 周，仔细观察症状，如果症状明显改善，可以确定引起过敏的食物。

4. 食物激发试验　当其他方法都不能明确过敏原，可进行食物激发试验。食物激发试验很可能引起急性过敏反应，需在医护人员监护下进行并配备必需的急救设备。

七、食物过敏的治疗

治疗药物大多疗效不佳、副作用大，一般不建议使用。针对食物过敏患者，可以采取脱敏疗法和药物疗法。

1. 脱敏疗法　采用小剂量、连续多次接触过敏原的方法进行脱敏治疗，但脱敏治疗是暂时的，一定时间后又会重新过敏。目前上市的产品有浙江我武生物科技股份有限公司开发的粉尘螨滴剂，可用于粉尘螨的减敏治疗。

2. 药物疗法　包括 IgE 拮抗药、抑制生物活性介质合成和释放的药物、生物活性介质拮抗药、改善效应器官反应的药物和免疫抑制剂。不同种类的抗过敏药物在治疗过敏性疾病方面侧重点不同，抗过敏药物也可引起过敏，具有耐药性。

（1）拮抗 IgE 的药物　目前上市的有奥马珠单抗，是一种重组的人源化单克隆抗体，能够和 IgE 结合，用于过敏性疾病的治疗。

（2）抑制生物活性介质合成和释放的药物　如阿司匹林、色甘酸钠、肾上腺素等。

（3）拮抗生物活性介质的药物　包括抗组胺药、抗白三烯药等，抗白三烯药有孟鲁司特钠、扎鲁斯特、普仑司特，临床应用最多的是孟鲁司特钠；抗组胺药是抗过敏药市场的主角，市场上已有三代抗组胺药物，每代药物各有利弊。第一代抗组胺药，如氯苯那敏、苯海拉明，价格便宜，最常见的不良反应是嗜睡和乏力；第二代抗组胺药，如西替利嗪、氯雷他定、咪唑斯汀、依巴斯汀等，不良反应小，一般不产生或仅有轻微的嗜睡作用；第三代抗组胺药，如地氯雷他定、非索非那定、左西替利嗪等，不良反应更小。

（4）改善效应器官反应的药物　肾上腺素、维生素 C、葡萄糖酸钙、氯化钙等。肾上腺素能够解除平滑肌痉挛、升血压，是抢救过敏性休克的首选药物。维生素 C、葡萄糖酸钙、氯化钙等具有解痉、降低血管通透性、减轻皮肤和黏膜炎症等作用。

（5）免疫抑制剂　如糖皮质激素，通过抑制人体免疫系统发挥作用。

书网融合……

本章小结　　　　微课

第九章　免疫学检测

学习目标

1. **掌握**　酶联免疫吸附试验；胶体金免疫层析试验。
2. **熟悉**　抗原抗体反应；凝集反应；沉淀反应。
3. **了解**　免疫印迹法；化学发光免疫检测法；细胞因子、细胞因子受体检测；免疫细胞检测。

课前思考

1. 关于一抗和二抗，一抗能和二抗结合吗？羊抗兔二抗是如何得到的？

2. 关于间接法、捕获法、双抗原夹心法、双抗体夹心法和竞争法，其中检测抗体的方法有哪些？检测抗原的方法有哪些？完全抗原和半抗原，分别采用哪些方法检测？

3. 酶联免疫吸附试验的注意事项有哪些，为什么要注意这些？

4. 请你为新冠抗原胶体金检测试剂盒（双抗体夹心法）、人伤寒抗体胶体金检测试剂盒（间接法）、吗啡胶体金检测试剂盒（竞争法）选择合适的生产抗原或抗体原料并写出原料的具体名称，如人伤寒抗原、新冠抗原小鼠单抗、金标吗啡鼠单抗、兔抗鼠二抗、金标鼠抗人二抗等。

5. 如何检测试剂盒的质量？

第一节　抗原抗体反应　📱微课 9-1

抗原和抗体能发生特异性结合反应，可分为体内反应和体外反应。体内反应介导吞噬、溶菌、杀菌、中和等作用；体外反应可实现未知抗体或抗原的检测，该技术被广泛应用于医学、农业、食品、环境和科学研究等众多领域。

一、抗原抗体反应的特点

（一）特异性

抗原和抗体的结合实际上是抗原的抗原表位和抗体的抗原结合位点的结合。由于抗原表位和抗原结合位点在化学结构和空间构象上呈互补关系，所以抗原和抗体的结合具有高度的特异性，但这种特异性不是绝对的，两种不同抗原如果存在相同或相似的抗原表位，则有可能引起交叉反应。

1. 特异性结合原因　抗原和抗体的互补结合是特异性结合的主要原因，但这种结合是一种非共价键结合，并不牢固，想要获得牢固结合，需要依靠各种非共价结合力，如疏水作用、静电力、氢键结合力和范德华力等。

（1）疏水作用　在抗原抗体反应中的作用最大，占总结合力的一半以上，抗原和抗体分子中的疏水基团相互接触时，由于都排斥水分子，两者之间因相互吸引而促进结合。

（2）静电力 抗原和抗体分子所带的相反电荷可互相吸引而促进结合。

（3）氢键结合力和范德华力 氢键结合力比范德华力的结合力强，并具有特异性。

2. 交叉反应 当两个不同抗原含有相同的抗原表位，这两个抗原就是共同抗原，针对相同抗原表位的抗体就会和这两个不同抗原发生结合反应，即交叉反应。抗原不纯或共同抗原的存在均会引起交叉反应，共同抗原引起的交叉反应是可以被去除的。例如，将引起交叉反应的抗原加入免疫血清中，待其与引起交叉反应的抗体结合后，离心去除该抗原－抗体复合物，即获得吸收提纯的免疫血清，该血清不会再引起交叉反应。此外，针对单一抗原表位的单克隆抗体和基因工程抗体，可以避免交叉反应的发生。

（二）可逆性

抗原和抗体的结合反应是可逆的。两者结合的稳定性取决于氢键、静电引力、范德华力和疏水键等多种共价作用，该共价作用的强弱取决于抗体亲和力和抗原抗体反应的环境因素。高亲和力抗体的抗原结合点和抗原表位的空间构型上非常契合，结合牢固，不易解离。环境因素包括 pH、离子强度、温度等，不合适的环境因素均会导致抗原和抗体的结合力下降。

（三）可见性

抗原、抗体比例合适时，抗原抗体结合形成的抗原－抗体复合物大且多，可出现肉眼可见的现象。合适的抗原抗体比例是抗原抗体反应可见性的首要条件，电解质、酸碱度、温度、振动和搅拌以及杂质均能影响可见性。

（四）阶段性

抗原和抗体的结合反应分为两个阶段。第一个阶段是抗原和抗体的特异性结合，此阶段仅需几秒到几分钟，此时可见反应尚未发生；第二个阶段是可见反应阶段，常需要数分钟、数小时乃至数日，时间长短受 pH、离子强度、温度等环境因素影响。

二、抗原抗体反应的影响因素

（一）抗原抗体自身因素

抗原的理化性质、抗原表位的种类和数量，抗体的来源、特异性和亲和力，均可影响抗原抗体结合反应。如颗粒抗原与抗体结合后形成凝集现象；可溶性抗原与抗体结合后形成沉淀现象。来源于兔的抗体，抗原、抗体的合适比例的范围较宽，而来源于人和许多大动物的抗体，抗原、抗体的合适比例范围较窄。单克隆抗体一般不适合用于凝集或沉淀反应。

（二）抗原抗体比例

合适的抗原抗体比例是可见性发生的首要条件。当抗体含量恒定，逐渐加入抗原，以加入抗原量为横坐标，以形成的抗原－抗体复合物为纵坐标，可以绘制出一条曲线，该曲线分为 3 部分，前带、等价带和后带。前带是抗体过剩区，等价带是抗原抗体浓度大致相等的平衡区，后带是抗原过剩区，只有等价带区域的抗原抗体比例才是可见性发生的最适条件，因此，需进行两者比例的优化实验（图 9 - 1）。

图 9 - 1 抗原抗体比例对可见性的影响

（三）电解质

电解质是抗原抗体反应系统中不可缺少的成分，盐类中的 Na^+、Ca^{2+} 及 Mg^{2+} 都是电解质，可中和抗原和抗体表面的电荷。抗原或抗体主要都是蛋白质，蛋白质是亲水胶体，故抗原或抗体可在溶液中保持稳定，而一旦抗原和抗体发生特异性结合后，就会成为疏水胶体，这时抗原 – 抗体复合物在溶液中的稳定性主要依赖表面所带电荷，此时，若在溶液中加入一定浓度电解质，中和了抗原 – 抗体复合物表面所带电荷，便会发生凝集或沉淀反应，形成肉眼可见的抗原 – 抗体复合物。如无电解质存在，则不易出现可见反应。一般用 0.85% NaCl 生理溶液作为抗原和抗体的稀释液和抗原抗体反应的溶液。

（四）酸碱度

抗原抗体反应必须在合适的 pH 环境中进行，一般以 pH 6~8 为宜，pH 过高或过低都将直接影响抗原或抗体的理化性质，从而导致抗原抗体反应不发生或出现非特异性凝集，即出现假阳性或假阴性结果。每种蛋白质都有各自的等电点，当 pH 达到或接近等电点时，表面所带电荷消失，相互间的斥力随之消失，此时即便无相应抗体存在，也会引起非特异性凝集，造成反应结果的假阳性。

（五）温度

适当升高温度，可加速分子运动，增加抗原、抗体或抗原 – 抗体复合物间的碰撞机会，加快可见反应出现的速度。因抗体、抗原的不同，所需的合适温度也不同，一般为 15~40℃，常用温度为 37℃，但也可高至 50℃ 或低至 4℃，温度越高所需反应时间越短，温度越低所需反应时间越长，但低温下，抗原和抗体的结合更为牢固。

（六）振动与搅拌

振动与搅拌可以加速抗原抗体反应，增加相互碰撞和接触的机会，因此可加速抗原 – 抗体复合物的凝聚，但强烈的振荡也可使抗原 – 抗体复合物解离。

（七）杂质

抗原抗体反应中如果存在与反应无关的蛋白质、多糖等非特异性结合物质，往往会抑制反应进行甚至引起非特异性反应。

第二节 凝集反应和沉淀反应

一、凝集反应

颗粒性抗原和抗体结合，可出现肉眼可见的凝集现象，主要包括直接凝集反应、间接凝集反应等。

（一）直接凝集反应

直接凝集反应指红细胞、细菌等颗粒性抗原直接与抗体结合的反应（图 9 -2）。直接凝集反应有玻片凝集试验、试管凝集试验等。玻片凝集试验为定性方法，主要用于人类 ABO 血型鉴定、菌种鉴定和血清学分型。试管凝集试验为半定量方法，主要用于疾病诊断或流行病学调查。

（二）间接凝集反应

可溶性抗原（或抗体）吸附于惰性载体颗粒表面，这样形成的颗粒性抗原（或抗体）与抗体（或抗原）结合的反应称为间接凝集反应（图 9 -3）。间接凝集反应包括胶乳凝集试验、明胶凝集试验、协

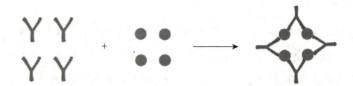

图 9-2 直接凝集反应示意图

同凝集试验等。胶乳凝集试验即胶乳增强免疫比浊法，包被在胶乳颗粒上的抗原（或抗体）与抗体（或抗原）结合后，引起胶乳颗粒凝聚，出现肉眼可见的白色凝集现象，可采用透射比浊法或散射比浊法测定，透射光或散射光强度与抗原含量呈正相关。明胶凝集试验，包被在粉红色明胶颗粒上的抗原（或抗体）与抗体（或抗原）结合后，可出现肉眼可见的粉红色凝集现象。协同凝集试验，利用葡萄球菌蛋白A（SPA）与IgG Fc段结合的特性，暴露的Fab段与抗原结合后，出现肉眼可见的凝集现象。

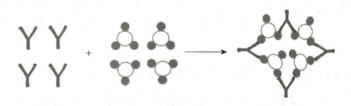

图 9-3 间接凝集反应示意图

二、沉淀反应

可溶性抗原与抗体在合适的电解质环境中能够结合形成免疫复合物，当比例合适时会出现肉眼可见的混浊沉淀物，该法称为沉淀反应，可分为液体内沉淀反应和凝胶内沉淀反应。液体内沉淀反应又可分为絮状沉淀反应、环状沉淀试验和免疫浊度测定，凝胶内沉淀反应又可分为单向免疫扩散试验、双向免疫扩散试验以及和电泳技术结合的免疫电泳等。

（一）免疫浊度法

原理：混浊沉淀物存在于液体中，需使用浊度分析仪检测反应液浊度。在保持抗体过量的情况下，反应液浊度与抗原含量呈正相关，通过制作标准曲线，即可确定样本中抗原含量。该法灵敏度高、快速、简便、易于自动化，已广泛应用于临床各种微量蛋白和药物的定量检测。目前常用的方法有免疫透射比浊法、免疫散射比浊法。免疫透射比浊法检测的是通过样品的透射光，透色光强度和抗原含量成正比。免疫散射比浊法检测的是通过样品的散射光，散射光强度与抗原含量成正比。

（二）单向免疫扩散试验

原理：将抗体和琼脂糖凝胶混合后铺在平皿中或玻片上，然后在凝胶上打孔，孔中加入待测抗原，抗原以孔为中心向周围扩散，在抗原、抗体比例适当范围内，抗原、抗体发生特异性结合，形成肉眼可见的沉淀环，沉淀环直径和抗原量成正比（图9-4）。

（三）双向免疫扩散试验

原理：将琼脂糖凝胶铺在平皿中或玻片上，然后在凝胶上打多个孔，孔中分别加入抗原和抗体，二者同时以孔为中心向周围扩散，在抗原抗体比例适当范围内，抗原抗体发生特异性结合，形成肉眼可见的沉淀线。根据实际需要选择双孔形、三角形、双排孔形或梅花样多孔形模式（图9-5）。

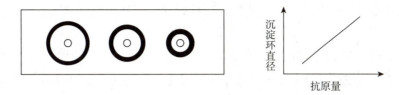

图9-4　单向免疫扩散试验示意图（左）和标准曲线示意图（右）

（四）火箭免疫电泳

火箭免疫电泳（RIEP）是单向免疫扩散试验与电泳技术的结合。原理：将抗体混合于琼脂糖凝胶中，电泳时游离的抗原由负极向正极泳动，在抗原、抗体比例适当范围内发生特异性结合，形成肉眼可见的沉淀线，随着泳动的进行，游离的抗原逐渐减少，形成的沉淀线也就越来越窄，最终可形成火箭形状的沉淀峰，火箭峰高与抗原含量呈正相关（图9-6）。火箭电泳可检测微克每毫升（μg/ml）数量级以上的抗原，目前已用于多糖疫苗的多糖含量测定等。

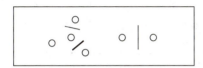

图9-5　双向免疫扩散试验示意图

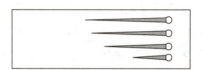

图9-6　火箭免疫电泳示意图

（五）对流免疫电泳

对流免疫电泳（CIEP）是双向免疫扩散试验与电泳技术的结合。原理：在pH 8.6的琼脂糖凝胶中，抗体置入正极侧孔，泳向负极；抗原置入负极侧孔，泳向正极。抗原、抗体相对泳动，在两极间相遇，比例合适时形成肉眼可见的沉淀线。对流免疫电泳可检测微克每毫升（μg/ml）数量级以上的抗原或抗体。

第三节　免疫标记技术

将酶、胶体金、荧光素、化学发光剂等物质标记已知抗原或抗体，通过抗原抗体反应检测标本中的抗体或抗原。免疫标记技术具有灵敏度高、准确性好、可自动化等优点。根据标记物不同可分为酶联免疫吸附试验、胶体金免疫层析试验、化学发光技术等。

一、酶联免疫吸附试验 🔲 微课9-2

酶联免疫吸附试验（ELISA）是当前应用最广泛的一项既可定性又可定量检测抗原或抗体的免疫技术。

（一）基本原理

先将已知的抗体或抗原包被在固相载体上，然后将抗原或抗体、酶标抗体或抗原按不同步骤与固相载体表面的抗体或抗原发生特异性结合，同时采用洗涤的方法去除未结合成分，最后加入酶催化底物显色，根据颜色深浅进行定性或定量分析。

（二）试验材料和质量控制

1. 固相载体　用于包被抗原或抗体。常见的固相载体是聚苯乙烯，其制成的多孔微量滴定板（常用 96 孔板，也称为酶标板）吸附蛋白质性能好，对抗原或抗体的免疫活性影响较小，且价格便宜、操作简便。另外，也有用聚苯乙烯胶乳颗粒作为固相载体的，优点是反应在悬液中进行，极大地增大了反应面积；还有用含铁的磁性微粒作为固相载体的，优点是反应结束后可用磁铁进行分离。

2. 包被液　即将抗原或抗体固定在固相载体上的过程。一般选用 pH 9.6 的碳酸盐缓冲液、pH 7.2 的磷酸盐缓冲液或 pH 7~8 的 Tris - HCl 缓冲液稀释抗体或抗原进行包被，37℃保温 2 小时或 4℃过夜。

3. 封闭液　固相载体上包被抗原或抗体后，其表面还会存在未被抗原或抗体占据的空隙，为了避免 ELISA 后续步骤的再吸附，需要填充这些空隙，此步骤称为封闭。常用的封闭液有脱脂奶粉，牛血清白蛋白和明胶等。

4. 酶标抗原或抗体　结合了酶的抗原或抗体，既有酶的催化活性，又有抗体或抗原的免疫反应性。抗原必须是高纯度的，抗体纯度越高越好，最好用亲和层析纯化的抗体，如果采用 Fab 抗体，可避免标本中类风湿因子（RF）的干扰。常用的酶为辣根过氧化物酶（HRP）和碱性磷酸酶（AP）。AP 的灵敏度一般高于 HRP，空白值也较低，但价格昂贵。

5. 酶底物　常用的 HRP 底物有邻苯二胺（OPD）、四甲基联苯胺（TMB）和 2,2' - 联氮双(3 - 乙基苯并噻唑啉 -6 - 磺酸)二铵盐(ABTS)；OPD 氧化后产物呈橙红色，检测波长为 492nm；TMB 氧化后产物呈蓝色，加入反应终止液后，产物呈黄色，检测波长为 405nm。ABTS 不如 OPD 和 TMB 敏感，但空白值极低。AP 的底物有对硝基苯磷酸酯（p - NPP），产物呈黄色，检测波长为 405nm。HRP 和 AP 都有荧光底物，HRP 的荧光底物为 3-(4-羟基）苯丙酸，AP 的荧光底物为 4 - 甲基伞酮磷酸盐，可以进行荧光检测，荧光检测灵敏度更高，但价格昂贵。

6. 洗涤液　在整个试验过程中，需进行多次洗涤，避免干扰物的非特异性吸附，常用的洗涤液有磷酸缓冲盐溶液（PBS）、磷酸盐吐温缓冲液（PBST）等。

7. 终止液　常用的 HRP 反应终止液为硫酸，AP 反应终止液为氢氧化钠（NaOH），浓度一般为 2mol/L。

8. 阳性对照品和阴性对照品　阳性对照品和阴性对照品是检验试验有效性的控制品，同时也作为判断结果的对照，因此对照品的组成应尽量和检测标本的组成相一致，如标本是人血清，对照品最好也是人血清，国外的对照品多采用复钙人血浆作为替代。

（三）方法类型

根据检测目的和操作步骤的不同，常用 ELISA 方法有 5 种，分别是间接法、捕获法、双抗原夹心法、双抗体夹心法和竞争法。间接法、双抗原夹心法、竞争法和捕获法可用于测定抗体，其中捕获法只能测定 IgM 抗体；双抗体夹心法和竞争法可用于测定抗原。

1. 间接法　该法用于检测 IgG 抗体，是检测抗体最常用的方法。将已知抗原包被在固相载体上，加入待测样品（含抗体），使之结合，再加入酶标抗抗体，即酶标二抗，最后加入底物显色，间接法的特征是形成抗原 - 待测抗体（一抗）- 抗体（二抗）复合物（图 9-7）。

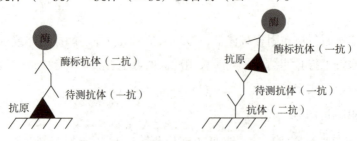

图 9-7　间接法（左）和捕获法（右）

2. 捕获法　该法用于检测 IgM 抗体。感染疾病诊断通常需检测 IgM 抗体，但血清中可能同时存在特定抗原的 IgG 和 IgM 抗体，为了消除 IgG 抗体的干扰作用，先将抗 IgM 的抗体包被在固相载体上，目的是"捕获"血清中的 IgM 抗体，通过洗涤去除 IgG 抗体，然后加入特异性抗原，使之结合，再加入酶标抗体，最后加入底物显色，捕获法的特征是形成抗体（二抗）– 待测抗体（一抗）– 抗原 – 酶标抗体（一抗）复合物（图 9 – 7）。

3. 双抗体夹心法　该法用于检测抗原。将已知抗体包被在固相载体上，加入待测样品（含抗原），使之结合，再加入酶标抗体与待检样品（含抗原）结合，最后加入底物显色。双抗体夹心法的特征是形成抗体（一抗）– 待测抗原 – 酶标抗体（一抗）复合物。采用该法需注意 RF 的干扰，RF 是一种自身抗体，多为 IgM 型，具有和多种动物 IgG 的 Fc 段结合的能力，血清标本中含有的 RF 可同时结合包被在固相载体上的抗体和酶标抗体（一抗），形成抗体 – RF – 酶标抗体复合物，也可催化底物，出现假阳性反应（图 9 – 8）。

4. 双抗原夹心法　该法用于检测 IgG 抗体。将已知抗原包被在固相载体上，加入待测样品（含抗体），使之结合，再加入酶标抗原与待检样品（含抗体）结合，最后加入底物显色。双抗原夹心法的特征是形成抗原 – 待测抗体（一抗）– 酶标抗原复合物（图 9 – 8）。

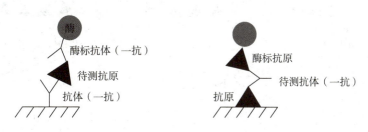

图 9 – 8　双抗体夹心法（左）和双抗原夹心法（右）

5. 竞争法　可分为检测 IgG 抗体的竞争法和检测抗原的竞争法。检测抗体的竞争法就是待检抗体和酶标抗体竞争结合固相载体上的抗原，测抗原的竞争法就是待检抗原和酶标抗体（一抗）竞争结合固相载体上的抗体（一抗）（图 9 – 9）。

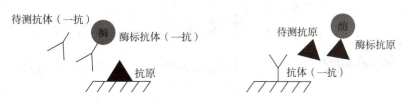

图 9 – 9　测抗体的竞争法（左）和测抗原的竞争法（右）

6. 亲和素和生物素的 ELISA　利用亲和素能够和生物素结合的性质所开发的 ELISA，亲和素和生物素在 ELISA 中的应用有多种形式，该法具有放大反应的作用，可大大提高 ELISA 的敏感度。

（四）结果判断

1. 定性测定　定性测定的结果判断是对受检样品中是否含有待测抗原或抗体做出"有"或"无"的简单回答，分别用"阳性"、"阴性"表示。间接法、双抗体夹心法、双抗原夹心法和捕获法 ELISA，阳性孔显色比阴性孔深。竞争法 ELISA，阴性孔显色比阳性孔深。

2. 定量测定　定量测定需要一系列不同浓度的标准品绘制标准曲线。横坐标为标准品浓度，纵坐标为吸光度。间接法、双抗体夹心法、双抗原夹心法和捕获法 ELISA，标准曲线中吸光度与受检物质的浓度呈正相关；竞争法 ELISA，标准曲线中吸光度与受检物质的浓度呈负相关。

（五）间接法操作实例（图9-10）

1. 包被 用包被缓冲液稀释已知抗原，96孔酶标板中每孔加100μl，4℃过夜，次日洗涤3~5次。

2. 封闭 每孔加入封闭液200μl，37℃孵育1~2小时，洗涤3~5次。

3. 加样 每孔加入100μl待检样品，置37℃孵育1~2小时，洗涤3~5次，同时做空白、阴性和阳性对照。

4. 加酶标二抗 每孔加入100μl新鲜稀释的酶标二抗，置37℃孵育1~2小时，洗涤3~5次。

5. 显色和终止反应 每孔加入100μl临时配制的TMB底物溶液，置37℃孵育20~30分钟，每孔加入50μl硫酸（2mol/L）终止液终止反应。

6. 结果判定 根据显色深浅判断阳性、阴性；或将酶标板放入酶标仪中，用空白对照孔调零，检测405nm各孔吸光度，若大于规定的阴性对照吸光度值的2.1倍，即为阳性。

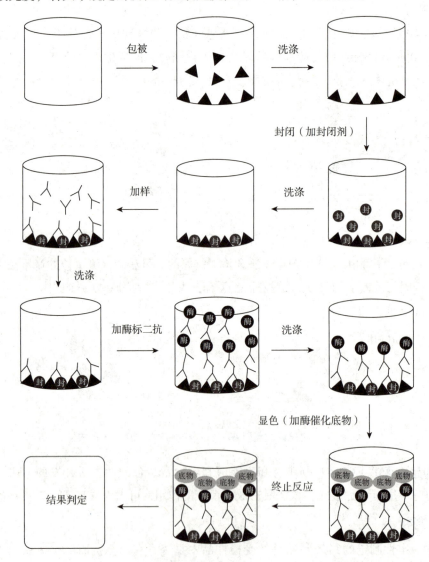

图9-10 间接法ELISA操作流程

（六）质量控制

　　ELISA操作各个环节都需要规范化、标准化，才能保证试验结果的准确性，避免出现假阳性或假阴性结果的发生。

1. 标本 血清标本应新鲜、无污染、无溶血、无混浊或沉淀，否则容易产生假阳性反应，标本还应避免反复冻融。

2. 试剂 试剂应严格配制，最好现用现配，配制用水至关重要。从冰箱中取出的试剂应平衡至室温后使用。

3. 加样 应加在 ELISA 板孔的底部，加样时避免产生气泡。一般用微量加样器，根据需要更换枪头以避免交叉污染。

4. 孵育 常采用37℃、室温和4℃等。37℃是最常用的孵育温度，一般孵育1~2小时，抗原抗体反应达到终点；4℃孵育过夜，抗原抗体反应更为彻底，但时间较长，一般不予采用。孵育时酶标板可放入水浴箱或保温箱中，应采取相应措施以避免液体蒸发，如在酶标板上加盖或将酶标板放入湿盒；酶标板不宜叠放，以保证各板的温度都能迅速平衡。

5. 洗涤 洗涤也决定着实验成败，是最关键的步骤。洗涤可以清除孔中未结合的抗原或抗体等物质以及非特异性吸附的干扰物质，应严格按要求洗涤，可采用浸泡式洗涤法、流水冲洗式洗涤法。流水冲洗式洗涤需要特殊装置，洗涤效果更为彻底。浸泡式洗涤更为常用，基本流程是：①吸干或甩干孔内液体；②洗涤液注满板孔，即甩去；③洗涤液注满板孔，振动或摇动30秒；④用水泵或真空泵吸干孔内液体或甩干孔内液体后在清洁毛巾或吸水纸上拍干；⑤重复操作洗涤3~4次。

6. 显色 酶促反应的温度和时间是显色的影响因素。过氧化物酶（OPD）见光易变质，必须现用现配，显色反应应避光进行，室温或37℃反应20~30分钟不再加深，再延长显色时间，会使本底增高。TMB性质较稳定，受光照的影响不大，室温反应约40分钟达显色顶峰，2小时后完全消退至无色。

7. 比色 采用酶标仪读取 ELISA 显色结果。各种酶标仪性能有所不同，操作时应详细阅读使用说明书。酶标仪使用前先预热仪器，可使测读结果更稳定。比色前应先用洁净的吸水纸拭干酶标板底附着的液体，然后正确放入酶标仪。可采用单波长或双波长检测，单波长检测要选用产物的最适波长，如OPD 的最适波长为492nm；双波长检测即每孔先后检测两次，第一次选用产物的最适波长，第二次选用产物的不敏感波长，如 OPD 的最适波长为492nm，不敏感波长为630nm，双波长检测可减少由容器上的划痕或指纹等造成的干扰。

（七）常见问题及解决方法

1. 表面效应 指抗原或抗体吸附到固相载体过程中重新分布其表面功能性基团的效应。表面效应可直接影响抗原、抗体的构象和功能，还会影响抗原抗体结合反应。对于抗原而言，小分子抗原可先偶联葡聚糖、明胶等手臂后再进行包被，大分子抗原可采用抗体桥式包被法；对于抗体而言，国外已有避免表面效应的酶标板产品供应，如 Avidplate – Hz 等，除此之外，还可采用桥式固相法。

2. 高剂量钩镰（HD – HOOK）效应 ELISA 过程中可造成"假低值"甚至"假阴性"错误结果的特殊效应。在剂量反应曲线的高剂量区段，线型走向不是呈平台状无限后延，而是呈向下弯落状，似一只钩子或一把镰刀。HD – HOOK 效应可通过稀释测定法进行判断，即在测定未知标本的时候，用原标本与10倍稀释的标本同时测定，原倍孔吸光度值低于稀释孔，说明有 HD – HOOK 效应存在。HD – HOOK 效应的解决需要依靠试剂盒生产厂家，先找到靶抗原上仅有一种且仅有两个重复表达的抗原决定簇，或者两种且每种仅有一个表达的抗原决定簇，选择相应单抗生产试剂盒，有可能从根本上解决 HD – HOOK 效应。

3. 边缘效应 在孵育过程中，酶标板周边孔与内部孔升降温速率存在差别，会造成周边孔与内部孔结果存在差异，这亦可看作是一种"位置效应"。可采用在酶标板上加盖或贴密封膜的方式解决，必要时，放弃周边孔不用。

4. 干扰物质

（1）类风湿因子　人血清中的 IgM、IgG 型类风湿因子可导致假阳性结果。用 F(ab')$_2$ 替代完整的鼠 IgG 是最好的办法，也可采用鸡卵黄免疫球蛋白（IgY）替代鼠 IgG，或用热变性 IgG 预先处理样本。

（2）补体　补体 C1q 可导致假阳性结果。可用乙二胺四乙酸（EDTA）稀释标本，或用 56℃孵育 30 分钟灭活补体，也可采用鸡 IgY 替代鼠 IgG。

（3）嗜异性抗体　人类血清中含有可与鼠等啮齿类动物 IgG 结合的天然抗体，可导致假阳性结果，可向样本加入过量鼠等啮齿类动物 IgG。

（4）抗鼠 IgG　临床上使用过鼠单抗治疗疾病或被鼠等啮齿类动物咬伤的患者体内可能产生抗鼠 IgG，这种抗体会导致假阳性结果，可通过了解病史或向样本中加入过量鼠 IgG 解决。

（5）自身抗体　自身抗体会干扰抗原或抗体检测，有时自身抗体与待测抗原形成抗原 – 抗体复合物，需要用理化方法解离再检测。

（6）外源物质　采集血清标本时加入的抗凝剂肝素、EDTA 等；检测试剂中含有的酶抑制剂氮化钠（Na$_3$N）等；标本储存过程中的变化，例如，甲胎蛋白（AFP）会形成二聚体。上述外源物质均有干扰作用。

（7）本底　本底或称背景，是非特异性显色。由于各种蛋白质均能吸附在固相载体表面，因此除了包被时有目的地使抗原或抗体吸附在固相载体上外，在 ELISA 各个步骤中均有可能发生干扰物质的吸附，最终产生与受检抗原抗体反应无关的显色，这是形成本底的主要原因。采用封闭、在稀释液中加入封闭剂和非离子型洗涤剂、正确的洗涤、保证血清标本质量、使用高质量蒸馏水配制溶液等综合措施，可使 ELISA 的本底达到最佳状态。

（八）酶联免疫检测试剂盒的研制

1. 方法选择　双抗体夹心法用于测定完全抗原，双抗原夹心法用于测定抗体，竞争法适用于测定半抗原，捕获法用于测定 IgM 类抗体，具体选择哪种方法需由待测物质决定。

2. 关键原料选择和设计　抗原和抗体是酶联免疫检测试剂的关键原料，但不是任何抗原、抗体都能作为原料。抗原原料需要考虑纯度、特异性等参数，抗体原料需要考虑种类、来源、纯度、特异性、亲和力、效价等参数。抗原主要用于包被固相载体、制备试剂盒标准品、制备特异性抗体、制备酶标抗原，抗体主要用于包被固相载体、制备酶标抗体。

3. 抗原抗体反应条件优化　为节约抗原、抗体用量，同时获得良好的剂量反应曲线（标准曲线），必须对抗原抗体反应体系进行研究，包括体系的酸碱度、离子强度、温度等，体系各组分的最适浓度、最适反应时间等。

（九）酶联免疫检测试剂盒性能评价

检测试剂盒的评价包括两种，第一种是临床应用价值评价，第二种是方法学性能评价。方法学性能评价包括检测灵敏度、特异性、准确性、精密度、稳定性等。

1. 稳定性　即试剂盒在多长时间内使用可以确保得到可靠的实验结果。可将同一批次试剂在存储温度或 37℃下放置一段时间，比较前后差别。

2. 精密度　用于评价测量结果的再现性。用同一批次试剂测定高、中、低三个浓度的质控血清，每个质控血清平行做 20 次，可获得批内精密度，批内变异系数（CV）不大于 10%。用不同批次试剂测定高、中、低三个浓度的质控血清，每个质控血清平行做 20 次，可获得批间精密度，批间 CV 不大于

15% 。不同浓度标本精密度不尽相同，截取不大于10% 的区段作为有效测量范围。

3. 准确度　可采用检查偏倚法或回收率法。检查偏倚法是用系列的国家标准品制作标准曲线，以考核平行性或偏倚。回收率法是用高、中、低三个剂量的样品，加入已知量的标准品（或纯品）做回收试验，回收率在95% ~ 105% 之间。

4. 特异性　体现了试剂的抗干扰能力，主要由抗体特异性决定，特异性可通过加入干扰物质的回收实验进行评价。

5. 灵敏度　试剂能检出的最低含量，通常包括功能灵敏度和实际灵敏度。功能灵敏度是同时测定20 个"0" 参考品，其平均值加上（正向）或减去（反向）两倍标准差代入标准曲线求出对应的浓度值。若"两倍标准差"的值不在标准曲线范围内，则将参考品进行系列稀释，将能够获得50% 阳性和50% 阴性结果的那个稀释度的参考品量值作为功能灵敏度的判定值。实际灵敏度是指试剂盒实际应用时可有效给出的测定最小浓度值（最低检测限），通常截取 CV <10% 情况下的最小剂量作为灵敏度。对于定性检测，以功能灵敏度的判定值为基准制备高值样本和低值样本，例如， +20% 和 –20% 浓度的样本，同样多次重复检测，若高浓度样本中结果阳性率为95% 以上，同时低浓度样本结果阴性率为95% 以上，高浓度即为该方法的实际灵敏度。

二、胶体金免疫层析试验 e 微课 9 – 3

胶体金免疫层析试验具有操作简便、检测快速等显著优点，具有广阔的市场前景，目前，在医学、动植物检疫以及食品安全监督等多领域得到了广泛的应用。例如，用于早孕检测的早早孕试纸。

1. 胶体金和免疫金

（1）胶体金　是由氯化金还原而成，直径多在 1 ~ 100nm 之间的颗粒，因其稳定、均匀分散在液体中，故被称为胶体金。颜色呈橘红色到紫红色，肉眼可见，能够稳定吸附蛋白质又不影响其生物活性，可作为抗原抗体反应的示踪物质或显色剂。

（2）免疫金　胶体金表面呈负电荷，可与蛋白类抗原或抗体表面的正电荷发生物理吸附，形成胶体金 – 抗原或胶体金 – 抗体复合物，形成的复合物常被称为金标抗原或金标抗体。

2. 胶体金试纸条的组成　主要由聚氯乙烯（PVC）底板、硝酸纤维素膜、胶体金垫、样品垫和吸水滤纸五个部分组成。①PVC 底板：提供了固相支撑；②硝酸纤维素膜：膜上包被一条检测线和一条质控线，在一定条件下，检测线和质控线上会显现红色；③胶体金垫：吸附着干燥的红色金标抗体或金标抗原；④样品垫：检测时，与血清、尿液等样品发生接触，样品首先吸附在样品垫上；⑤吸水滤纸：能够帮助样品流动，在它的作用下，样品垫中的样品先经过胶体金垫，将干燥的红色金标抗体溶解，然后再经过硝酸纤维素膜的检测线，最后是质控线（图 9 – 11）。

图 9 – 11　胶体金试纸条的组成

3. 基本原理　以间接法为例，胶体金垫上包被金标抗体，检测线上包被抗原，质控线上包被抗体，首先加入待检抗体；然后样品中含有的待检抗体向右流动到胶体金垫，干燥的红色金标抗体溶解，金标抗体会结合待测抗体；已结合待测抗体的金标抗体和未结合的金标抗体继续向右流动，到达检测线时，检测线上的抗原能够捕获待测抗体 – 金标抗体复合物，检测线上由于聚积了胶体金而呈现出肉眼可见的红色；红色的金标抗体继续向右流动，到达质控线时，质控线上包被的抗体能够捕获该金标抗体，从而呈现出肉眼可见的红色（图9-12）。

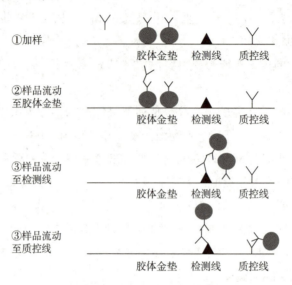

①加样

②样品流动
至胶体金垫

③样品流动
至检测线

③样品流动
至质控线

胶体金垫　检测线　质控线

图9-12　间接法的基本原理

4. 方法类型　根据检测目的和操作步骤的不同，常用的方法有5种，分别是双抗体夹心法、双抗原夹心法、间接法、捕获法和竞争法。双抗体夹心法和竞争法可用于测定抗原；间接法、双抗原夹心法、捕获法、竞争法可用于测定抗体。

（1）间接法和捕获法　间接法和捕获法比较相似，都可以检测抗体，间接法的金标垫上包被的是金标抗体（二抗），而检测线上包被抗原；捕获法刚好相反，金标垫上包被的是金标抗原，而检测线上包被抗体（一抗）。两种方法质控线上包被的抗体有所不同，质控线上包被的抗体，其主要作用是捕获金标抗体或金标抗原，这样质控线才能显色，因此，间接法质控线上包被的抗体需要捕获金标抗体，应为二抗，而捕获法质控线上包被的抗体需要捕获金标抗原，应为一抗（图9-13）。这两种方法的检测线上抗原抗体的结合非常相似，即都形成了抗原-抗体-抗体复合物，间接法的特征是形成抗原-抗体（一抗）-金标抗体（二抗）复合物，捕获法的特征是形成金标抗原-抗体（一抗）-抗体（二抗）复合物（图9-13）。

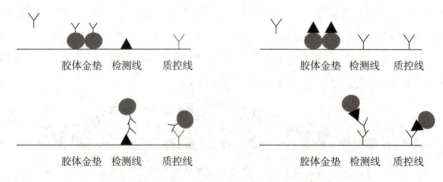

胶体金垫　检测线　质控线　　　　　胶体金垫　检测线　质控线

胶体金垫　检测线　质控线　　　　　胶体金垫　检测线　质控线

图9-13　间接法（左）和捕获法（右）的原理

（2）双抗原夹心法和双抗体夹心法　双抗原夹心法的金标垫上包被的是金标抗原，检测线上也包被了抗原；双抗体夹心法金标垫上包被的是金标抗体（一抗），检测线上也包被了抗体（一抗）（图9-14）。双抗原夹心法用于检测抗体，特征性标志是检测线上形成两个抗原夹着一个抗体的复合物；双抗体夹心法用于检测抗原，特征性标志是检测线上形成两个抗体夹着一个抗原的复合物（图9-14）。

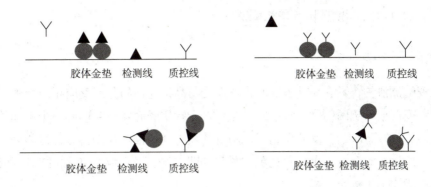

图9-14　双抗原夹心法（左）和双抗体夹心法（右）的原理

（3）竞争法　分为检测抗体的竞争法和检测抗原的竞争法，区别在于检测抗体的竞争法的金标垫上包被的是金标抗原，检测线上包被的是抗体，待测样品中的抗体和检测线上的抗体竞争性结合金标抗原；检测抗原的竞争法正好相反，金标垫上包被的是金标抗体，检测线上包被的则是抗原，待测样品中的抗原和检测线上的抗原竞争性结合金标抗体（图9-15）。

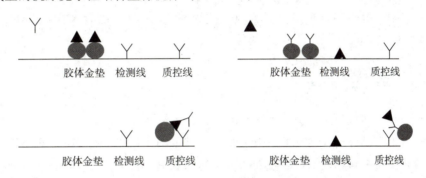

图9-15　检测抗体的竞争法（左）和检测抗原的竞争法（右）的原理

5. 结果判断　从检测结果这个角度来说，如果样品中有待检物，那么间接法、捕获法、夹心法的检测线和质控线上都会出现红色，即出现两条红带，结果判为阳性；而竞争法恰恰相反，检测线不出现红色条带，质控线上出现红色条带，结果判为阳性；如果质控线不出现红色条带，检测线上出现或不出现红色条带，都是无效结果。因此，我们在进行结果判断时，一定要确定所采用的检测方法，否则就会出现错误的判断（图9-16）。

6. 胶体金检测试纸条的生产流程　胶体金免疫试纸条由样品垫、胶体金垫、硝酸纤维素膜、吸水材料和PVC底板组成。首先在胶体金垫上用点样仪将胶体金标记的抗原或抗体点在胶体金垫上，在硝酸纤维素膜上包被抗原或抗体作为检测线和质控线，然后将样品垫、胶体金垫、硝酸纤维素膜、吸水材料依次粘在PVC

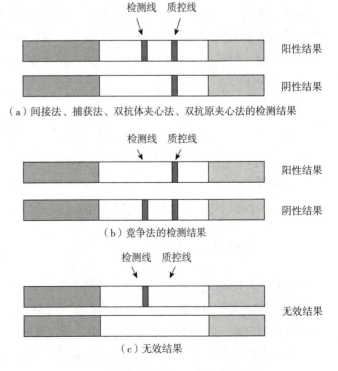

图9-16　胶体金免疫层析试验结果判断

底板上，最后用切条机切成宽度为 3mm 的试纸条。

三、化学发光免疫检测法

化学发光免疫检测法是将具有高灵敏度的化学发光与高特异性的免疫反应相结合的检测技术，包含化学发光系统和免疫反应系统两部分。基本原理是：发光物质经激发后会形成一个中间体，当这种激发态的中间体回到稳定的基态时，会发射出光子，用自动发光分析仪接收光信号，检测到的光强度能够反映待检样品中抗体或抗原的含量。化学发光免疫检测法具有敏感度、精密度和准确性高，检测耗时短、自动化等特点，广泛应用于医学诊断。

化学发光免疫检测法分为两种类型：一种是用化学发光物质标记的抗体或抗原进行免疫分析，分为标记化学发光物质的化学发光免疫分析（CLIA）和标记荧光物质的荧光化学发光免疫分析（FCLIA）；另一种是用化学发光物质作为底物进行酶联免疫分析，即化学发光酶联免疫分析（CLEIA）。常用的化学发光标记物有鲁米诺类化合物、吖啶酯类化合物等。鲁米诺类化合物的发光反应必须有催化剂催化，吖啶酯类化合物不需催化剂催化，具有反应迅速、本底低、稳定性好等优点；常用的荧光化学标记物以荧光素和 8-苯氨基-1-萘磺酸（NAS）为最佳；常用的标记酶有 POD、HRP、AP、葡萄糖氧化酶（GOD）等。

四、免疫印迹法 ▣ 微课9-4

免疫印迹即 western blot（WB），是 SDS-PAGE 电泳技术和抗原抗体反应的结合。免疫印迹常用于鉴定蛋白质和定性、半定量分析，结果可用肉眼观察。基本操作：先进行 SDS-PAGE 电泳，将混合蛋白按大小分离，然后利用电转移仪，将凝胶上的蛋白转印到 PVDF 膜等固相载体上，即为"印迹"，再与相应标记抗体孵育，通过显色反应检测目标蛋白。

常用的转印方式有半干式电转印和湿式电转印两种。在确定印迹中是否存在总蛋白之前，转印后需用丽春红对转印膜进行染色，以了解转印至膜上蛋白情况，确定转印是否成功。在加入抗体进行免疫反应之前，需要对转印膜进行封闭，以防止非特异性吸附，封闭后，依次加入特异性抗体、酶标抗抗体进行免疫反应，每种抗体加入后都需要孵育，再洗涤去除非特异性结合，最后加入显色液，避光显色，出现条带后放入双蒸水终止反应。

第四节 细胞因子和细胞因子受体的检测

细胞因子可分为 IL、IFN、TNF、CSF、GF 和趋化因子 6 大类。细胞因子及其受体的含量检测可以采用生物活性检测法、ELISA、发光免疫技术、逆转录-聚合酶链反应（RT-PCR）技术等。

一、细胞因子检测

真正反映细胞因子活性的应该是通过生物学活性检测法得到的结果。由于一种细胞因子常常具有多种生物活性，而不同细胞因子又可能有相似的生物活性，因此，应当选择最能反映该细胞因子生物学活性的方法。例如，检测 IL-2、IL-3、IL-4 含量可检测其促增殖活性，可采用 MTT 法；检测 IL-5 含量可检测其诱导细胞分化作用，可采用细胞分化试验。

1. TNF 含量检测 最常用的方法是检测其细胞毒活性。基本原理是：将梯度稀释的 TNF 和对数生长期的靶细胞共同培养一段时间，计数存活的靶细胞数，计算溶细胞率或抑制细胞生长率。

2. IFN 含量检测 最常用、最敏感的方法是检测抗病毒活性。基本原理是：先用 IFN 处理易感细胞，诱导细胞建立抗病毒状态，然后用适量病毒攻击细胞，评价病毒引起的细胞病变程度或病毒在细胞内复制的量，即可判断 IFN 的生物活性。除此之外，还可以检测 IFN 的抑制细胞生长活性、诱导 NO 的活性等。

3. 趋化因子含量检测 主要方法是趋化试验。基本原理是：以细胞在琼脂糖中向趋化因子方向的迁移距离来评价趋化因子的存在和含量，但该法只在预实验或粗筛时用。微孔小室趋化试验可以进行精确定量，基本原理是：一定孔径的滤膜将微孔小室分隔成上、下两个部分，靶细胞在上，趋化因子在下，趋化因子通过滤膜形成梯度，细胞沿着梯度穿过滤膜孔黏附在滤膜的下表面，计数滤膜下表面的细胞数即可测出趋化因子的趋化能力。

4. CSF 含量检测 最主要的方法是集落形成试验，基本原理是：将集落形成细胞均匀分散在营养琼脂糖凝胶中，集落形成细胞能够在 CSF 的作用下形成完整的集落，集落的数量和大小与 CSF 含量成正比。

5. 膜型细胞因子检测 一些细胞因子可以在细胞表面表达一段时间然后释放到培养液中，因此，检测膜型细胞因子可以鉴定产生细胞因子的细胞并了解细胞量的变化和其表达细胞因子能力的变化，检测方法主要有流式细胞仪检测技术、免疫荧光检测技术和免疫组织化学检测技术等。

二、细胞因子受体检测

细胞因子受体可分为膜表面细胞因子受体和可溶性细胞因子受体。检测膜表面细胞因子受体可以了解其在细胞表面的分布、数量和功能状态等，从而可以间接地反映相应细胞因子对该细胞的生物学作用，主要检测方法有细胞吸收试验、免疫组织化学检测技术、免疫荧光检测技术、分子生物学检测技术等。可溶性细胞因子受体的检测目前多采用 ELISA 法。

第五节 免疫细胞的检测

一、免疫细胞分离

1. 外周血单个核细胞分离 外周血单个核细胞（PBMC）包括淋巴细胞和单核细胞。利用一种相对密度在 1.075～1.090 之间的介质，如 Ficoll 分离液，可使外周血中的各种细胞成分按照相对密度的不同而在这种介质中重新分布，从而达到分离的目的，可通过离心加快分离速度，该方法被称为密度梯度离心法，不同物种淋巴细胞分离液的密度有所不同。

2. 外周血总淋巴细胞分离 根据密度梯度离心法分离得到的 PBMC 中含有 90%～95% 的淋巴细胞，可代表淋巴细胞直接用于某些实验，但有些实验必须去除单核细胞，可通过贴壁黏附法、吸附柱过滤法、Percoll 密度分离液法、磁铁吸引法等去除。

3. 各类免疫细胞及细胞亚群分离 可根据不同细胞表面的特征性标志物选择性分离所需细胞，常用的方法有免疫磁珠分离法、流式细胞仪分选法等。

二、免疫细胞数量检测

检测免疫细胞的数量变化可用于免疫状况分析、疾病诊断、疗效观察及预后判断等方面。各种免疫细胞表面都有特征性标志物，可以利用这些特征性标志物来建立目标细胞的计数方法。CD 分子是最常用的标志物，如，CD3 分子是所有 T 细胞的标志物，CD4 分子是辅助性 T 细胞的标志物，CD8 分子是细胞毒性 T 细胞或抑制性 T 细胞的标志物，CD25 是调节性 T 细胞的标志物，CD16、CD56 是自然杀伤细胞的标志物，CD19 是 B 细胞的标志物。用酶或荧光标记的抗 CD 分子抗体和目标细胞进行结合，然后通过酶催化底物显色或荧光显微镜观察等手段，可对目标细胞进行计数。常用的检测方法有 ELISA 法、流式细胞仪分析法等。

三、免疫细胞功能检测

1. T 细胞功能检测　T 细胞功能异常可表现为 T 细胞增殖能力、溶解靶细胞能力和分泌细胞因子、生物活性物质能力减弱。T 细胞功能检测的方法主要有 T 细胞增殖功能测定、T 细胞介导的细胞毒试验、T 细胞分泌功能测定等。

（1）T 细胞增殖功能检测　将 T 细胞和刺激物共同培养后，然后通过形态检查法、MTT 法等手段检测细胞增殖水平，T 细胞的刺激物有植物血凝素（PHA）等丝裂原。形态学检查法是将待检细胞和 PHA 等丝裂原混合培养，染色后在光学显微镜下计数发生转化的淋巴细胞，计算淋巴细胞转化率。MTT 法是将待检细胞和 MTT 混匀培养后，会有蓝黑色颗粒沉积于细胞内或细胞周围，蓝黑色颗粒的生成量与细胞增殖水平呈正相关，在二甲基亚砜作用下，蓝黑色颗粒完全溶解，A_{570nm} 值可反映细胞增殖水平。

（2）T 细胞介导的细胞毒试验　细胞毒性 T 细胞介导的细胞毒作用表现为对靶细胞的杀伤作用，可通过形态学检查法、MTT 法、乳酸脱氢酶（LDH）释放法、流式细胞仪分析法等手段进行检测。形态学检查法是将待检细胞毒性 T 细胞和靶细胞混合孵育，通过细胞涂片瑞氏染色，计数残留靶细胞数，通过计算细胞毒性 T 细胞对靶细胞生长的抑制率，评估杀伤作用。MTT 法是将待检细胞毒性 T 细胞和靶细胞混合孵育，通过 MTT 加入后生成的蓝黑色颗粒来反映靶细胞的增殖水平，进一步评估杀伤作用。LDH 释放法是利用被杀伤靶细胞释放 LDH 的特性，通过测定 LDH，可计算杀伤率。

（3）T 细胞分泌功能检测　体外培养的 T 细胞经各种丝裂原或抗原刺激后分泌各种细胞因子和生物活性物质，检测这些物质的含量、生物学活性或基因表达水平，可以反映 T 细胞的分泌功能。

2. B 细胞功能检测　B 细胞功能异常可表现为血清 Ig 含量下降，B 细胞增殖能力和分泌抗体能力减弱。B 细胞功能检测的方法主要有血清 Ig 含量测定、B 细胞增殖功能测定、B 细胞分泌抗体能力测定等。

（1）血清 Ig 含量检测　通过测定免疫前后血清 Ig 含量来判断体内 B 细胞的功能。

（2）B 细胞增殖功能检测　先将 B 细胞和刺激物共同培养，然后通过形态检查法、MTT 法等手段检测细胞增殖水平。B 细胞的刺激物有 LPS、含 SPA 的金黄色葡萄球菌菌体和抗 IgM 抗体等。

（3）B 细胞分泌抗体能力检测　测定方法有溶血空斑试验、酶联免疫斑点试验等。溶血空斑试验是将绵羊红细胞（SRBC）和琼脂糖凝胶混合后倾注于小平皿或玻片上，加入经过 SRBC 免疫的小鼠脾细胞（含能够分泌抗 SRBC 抗体的抗体生成细胞），抗 SRBC 抗体和琼脂糖凝胶中的 SRBC 发生结合，形成 SRBC – 抗体复合物，在补体的作用下，SRBC 发生溶解，形成肉眼可见的空斑，空斑的大小代表分泌的抗体量。酶联免疫斑点试验是先用抗原包被固相载体，然后加入待检的抗体生成细胞，抗体生成细胞分泌的抗体与固相载体上包被的抗原结合，所形成的抗原 – 抗体复合物可吸附抗体生成细胞，加入酶标记的抗抗体（酶标二抗），通过底物显色反应，可测定分泌的抗体量，可计数着色的斑点形成细胞。

3. NK 细胞功能检测　NK 细胞能直接杀伤靶细胞。NK 细胞功能检测的方法有形态学法、LDH 释放法等。形态学法利用杀伤的靶细胞能被台盼蓝、伊红等染色的特性，通过光镜观察和死亡率计算，即可得出 NK 细胞活性。

4. 吞噬细胞功能检测　吞噬细胞如单核细胞、巨噬细胞、中性粒细胞等，具有吞噬功能。吞噬行为大致分为趋化、吞噬、杀菌作用三个阶段，可分别对这三个阶段进行功能检测。趋化功能检测方法是吞噬细胞在趋化因子吸引下，向趋化因子做定向移动，通过观察运动情况判断其趋化功能，可采用滤膜渗透法、琼脂糖平板法等。吞噬和杀菌功能检测方法是将吞噬细胞和细菌进行混合、温育，然后进行计数，最后计算吞噬率或溶菌率，可采用显微镜检查法、溶菌法等。

书网融合……

本章小结　　微课9-1　　微课9-2　　微课9-3　　微课9-4　　拓展9-1　　拓展9-2

附 录

免疫学常用缩略语

A

Ab　antibody，抗体

ABTS　diammonium 2,2' – azino – bis（3 – ethyl-benzothiazoline – 6 – sulfonate），2,2'-联氮双（3-乙基苯并噻唑啉-6-磺酸）二铵盐

AC – SINS　affinity – capture self – interaction nano-particle spectroscopy，纳米粒子光谱法

AD　antigenic determinant，抗原决定簇

ADC　antibody drug conjugate，抗体偶联药物

ADCC　antibody – dependent cell – mediated cytotox-icity，抗体依赖性细胞介导的细胞毒作用

ADCP　antibody dependent cellular phagocytosis，抗体依赖的细胞吞噬作用

AEFI　adverse event following immunization，疑似预防接种异常反应

Ag　antigen，抗原

AP　alkaline phosphatase，碱性磷酸酶

APC　antigen presenting cell，抗原提呈细胞

B

BALT　bronchus associated lymphoid tissue，支气管相关淋巴组织

BC　B cell，B 细胞

BCR　B cell receptor，B 细胞（抗原识别）受体

BIA　bioelectrical impedance analysis，生物电阻抗法

BSA　bovine serum albumin，牛血清白蛋白

BsAb　bispecific antibody，双特异性抗体

C

C　complement，补体

CAR　chimeric antigen receptor，嵌合抗原受体

CAR – T　chimeric antigen receptor T – cell，嵌合抗原受体 T 细胞

CD　cluster of differentiation，白细胞分化抗原

CDC　complement dependent cytotoxicity，补体依赖的细胞毒作用

CDM　chemically defined media，化学组分限定培养基

CDR　complementarity determining region，互补性决定区

CE – SDS　capillary electrophoresis sodium dodecyl sulfate，十二烷基硫酸钠毛细管凝胶电泳法

CH　constant region of heavy chain，免疫球蛋白重链恒定区

CHO　chinese hamster ovary，中国仓鼠卵巢

CIC　circulating immune complex，循环免疫复合物

cIEF　capillary isoelectric focusing，毛细管等电聚焦电泳

CIEP　counter immunoelectrophoresis，对流免疫电泳

CIK 细胞　cytokine – induced killer，细胞因子诱导的杀伤细胞

CK　cytokine，细胞因子

CKR　cytokine receptor，细胞因子受体

CL　constant region of light chain，轻链恒定区

CLEIA　chemiluminescence enzyme immunoassay，化学发光酶免疫测定

CLIA　chemiluminescence immunoassay，化学发光

免疫测定

CQA critical quality attributes，关键质量属性

CR complement receptor，补体受体

CSF colony stimulating factor，集落刺激因子

CT cholera toxin，霍乱毒素

CTL cytotoxic T lymphocyte，细胞毒性 T 细胞

CTLA - 4 cytotoxic T - lymphocyte - associated protein 4，细胞毒性 T 细胞相关蛋白 4

CV coefficient of variation，变异系数

D

DC dendritic cell，树突状细胞

DHA docosahexaenoic acid，二十二碳六烯酸

DNA deoxyribonucleic acid，脱氧核糖核酸

DNT double negative T cell，双性 T 细胞

DSF differential scanning fluorimetry，差示扫描荧光法

DTNB 5,5' - dithiobis - (2 - nitrobenzoic acid)，5,5'-二硫代双(2-硝基苯甲酸)

DT diphtheria toxoid，白喉类毒素

E

EBV epstein - barr virus，EB 病毒

EDTA ethylene diamine tetraacetic acid，乙二胺四乙酸

EGF epidermal growth factor，表皮生长因子

ELISA enzyme - linked immunosorbent assay，酶联免疫吸附试验

EPA eicosa - pentaenoicacid，二十碳五烯酸

EPO erythropoietin，红细胞生成素

F

Fab fragment antigen binding (papain digest)，抗原结合片段（木瓜蛋白酶消化）

F(ab')₂ fragment antigen binding (pepsin digest)，抗原结合片段（胃蛋白酶消化）

FACS fluorescence - activated cell sorter，荧光激活细胞分离器

FasL fas ligand，fas 配体

Fc fragment crystallizable，结晶片段

FCLIA fluorescence chemiluminescence immunoassay，荧光化学发光免疫分析

FCA Freund's complete adjuvant，弗氏完全佐剂

FCM flow cytometry/cytometer，流式细胞术/细胞仪

FcRn neonatal Fc receptor，IgG 抗体受体/新生儿 Fc 受体

FDA food and drug administration，美国食品药品管理局

Fd fragment d of immunoglobulin，免疫球蛋白的 d 片段

FGF fibroblastic growth factor，成纤维细胞生长因子

FK - 506 tacrolimus，他克莫司

FR framework region，骨架区

G

GALT gut - associated lymphatic tissue，肠伴随（相关）淋巴组织

GCP good clinical practice，药物临床试验质量管理规范

G - CSF granulocyte colony stimulating factor，粒细胞集落刺激因子

GF growth factor，生长因子

GLP good laboratory practice，药物非临床研究质量管理规范，优良实验室规范

GM - CSF granulocyte - macrophage colony - stimulating factor，粒细胞 - 巨噬细胞克隆刺激因子

GMP good manufacturing practice of medical products，药品生产质量管理规范

GOD glucose oxidase，葡萄糖氧化酶

H

H heavy，重

HAMA human anti - murine antibody，人抗鼠抗体

HBV hepatitis B virus，乙型肝炎病毒

HER - 2 human epidermal growth factor receptor -2，人类表皮生长因子受体2

HIV   human immunodeficiency virus，人类免疫缺陷病毒

HLA   human leucocyte antigen，人类白细胞抗原

HRP   horseradish peroxidase，辣根过氧化物酶

HVEC   human vascular endothelial cell，人血管内皮细胞

I

IC   immune complex，免疫复合物

ICH International Council for Harmonisation of Technical Requirements for Pharmaceuticals for Human Use，人用药品技术要求国际协调理事会

ICIEF   imaged capillary isoelectric focusing，成像毛细管等电聚焦

IEC   intestinal epithelial cell，肠上皮细胞

IEL   intraepithelial lymphocyte，上皮细胞间淋巴细胞

IEX – HPLC   ion exchange – high – performance liquid chromatography，离子交换高效液相色谱法

IFA   incomplete freund's adjuvant，弗氏不完全佐剂

IFN   interferon，干扰素

Ig   immunoglobulin，免疫球蛋白

IgA   immunoglobulin A，免疫球蛋白 A

IgD   immunoglobulin D，免疫球蛋白 D

IgE   immunoglobulin E，免疫球蛋白 E

IgG   immunoglobulin G，免疫球蛋白 G

IgM   immunoglobulin M，免疫球蛋白 M

IgY   immunoglobulin of Yolk，卵黄免疫球蛋白

IL   interleukin，白细胞介素

ILC   innate lymphoid cells，天然淋巴细胞

L

L 链   light chain，轻链

LPL   lamina propria lymphocyte，固有层淋巴细胞

LPS   lipopolysaccharide，脂多糖

LT   heat – labile enterotoxin，不耐热肠毒素

M

mAb   monoclonal antibody，单克隆抗体

MAC   membrane attack complex，膜攻击复合物

MALT   mucosa – associated lymphoid tissue，黏膜相关淋巴组织

MASP   MBL – associated serine protease，MBL 相关的丝氨酸蛋白酶

MBL   mannan – binding lectin，甘露聚糖结合凝集素

M   macrophage，巨噬细胞

MCP   monocyte chemoattractant protein，单核细胞趋化蛋白

M – CSF   macrophage colony stimulating factor，巨噬细胞集落刺激因子

MHC   major histocompatibility complex，主要组织相容性复合体

mIg   membrance – bound immunoglobulin，膜结合免疫球蛋白

MPL monophosphoryl lipid A，单磷酸脂质 A

MTT   3-(4,5-Dimethylthiazol-2-yl)-2,5-diphenyltetrazolium bromide，3-(4,5-二甲基噻唑-2)-2,5-二苯基四氮唑溴盐，商品名：噻唑蓝

N

NALT   nasal – associated lymphoid tissue，鼻相关淋巴组织

Na_3N sodium azide，氮化钠

NaOH   sodium hydroxide，氢氧化钠

NGF   nerve growth factor，神经生长因子

NGNAN – glycolylneuraminic acid，N-羟乙酰神经氨酸

NFAT   nuclear factor of activated T cells，活化 T 细胞核因子

NK   natural killer cell，自然杀伤细胞

NLR   NOD – like receptor，NOD 样受体

NMPA   National Medical Products Administration，国家药品监督管理局

NO nitric oxide，一氧化氮

O

OPD   ortho phenylenediamine，邻苯二胺

P

PAMP pathogen – associated molecular patterns, 病原体相关分子模式

PBS phosphate – buffered saline, 磷酸盐缓冲溶液

PBST phosphate – buffered saline with tween 20, 磷酸盐吐温缓冲液

PBMC peripheral blood mononuclear cell, 外周血单个核细胞

PCR polymerase chain reaction, 聚合酶链反应

PD – 1 programmed death 1, 程序性死亡受体 1

PDGF platelet derived growth factor, 血小板源性生长因子

PD – L1 programmed cell death – ligand 1, 细胞程序性死亡 – 配体 1

PEG polyethylene glycol, 聚乙二醇

pH potential of hydrogen, 氢离子浓度指数

PHA phytohemagglutinin, 植物凝集素

p – NPP p – nitrophenyl phosphate, 对硝基苯磷酸酯

POD peroxidase, 过氧化物酶

pAb polyclonal antibody, 多克隆抗体

PVC polyvinyl chloride, 聚氯乙烯

R

RF rheumatoid factor, 类风湿因子

RIEP rocket immunoelectrophoresis, 火箭免疫电泳

RLR RIG – like receptor, RIG 样受体

RNA ribonucleic acid, 核糖核酸

RNS reactive nitrogen species, 活性氮

ROS reactive oxygen species, 自由基活性氧

RT – PCR reverse transcription PCR, 逆转录 – 聚合酶链反应

S

SAg superantigen, 超抗原

SARS – CoV – 2 severe acute respiratory syndrome coronavirus 2, 新型冠状病毒

SCF stem cell factor, 干细胞（生长）因子

scFv single chain antibody fragment, 单链抗体

sCKR soluble cytokine receptor, 可溶性细胞因子受体

SDS – PAGE sodium dodecyl sulfate – polyacrylamide gel electrophoresis, 十二烷基硫酸钠 – 聚丙烯酰胺凝胶电泳

SEC – HPLC size exclusion – high – performance liquid chromatography, 分子排阻高效液相色谱法

sIgA secreted immunoglobulin A, 分泌型免疫球蛋白 A

sIgE specific immunoglobulin E, 过敏原特异性免疫球蛋白 E

SP secretory piece, 分泌片

SPA staphylococcus protein A, 金黄色葡萄球菌蛋白 A

SRBC sheep red blood cell, 绵羊红细胞

T

TAA tumor – associated antigen, 肿瘤相关抗原

Tc cytotoxic T cell, 细胞毒 T 细胞

TCR T cell antigen receptor, T 细胞抗原识别受体

TD – Ag thymus dependent antigen, 胸腺依赖抗原

TGF transforming growth factor, 转化生长因子

Th helper T lymphocyte, 辅助性 T 淋巴细胞

TI – Ag thymus independent antigen, 非胸腺依赖性抗原

TLR toll – like receptor, Toll 样受体

TMB tetramethylbenzidine, 四甲基联苯胺

TNB 5-thio-2-nitrobenzoic acid, 5-巯基-硝基苯甲酸

TNF tumor necrosis factor, 肿瘤坏死因子

TNFR TNF receptor, 肿瘤坏死因子受体

TNFRSF TNF receptor super family, 肿瘤坏死因子受体超家族

TPO thrombopoietin, 促血小板生成素

Treg regulatory T cell, 调节性 T 细胞

Ts suppressor T cell, 抑制性 T 细胞

TSA tumor – specific antigen，肿瘤特异性抗原

TT tetanus toxoid，破伤风类毒素

V

VEGF vascular endothelial cell growth factor，血管内皮细胞生长因子

VH variable region of heavy chain，免疫球蛋白重链可变区

VL variable region of light chain，免疫球蛋白轻链可变区

VLP virus – like particles，病毒样颗粒疫苗

W

WHO World Health Organization，世界卫生组织